# Photoshop CC

## 视觉设计教程

庄志蕾 叶嫣 周维柏◎主编

翁权杰 廖俐鹃 贺琳 郑燕姣 王薇 宁晓虹◎副主编

李蓉◎主审

人民邮电出版社

北 京

**图书在版编目（CIP）数据**

Photoshop CC视觉设计教程 / 庄志蕾，叶嫣，周维
柏主编. -- 北京：人民邮电出版社，2020.9 （2022.6 重印）
ISBN 978-7-115-52450-8

Ⅰ．①P… Ⅱ．①庄… ②叶… ③周… Ⅲ．①图象处
理软件－教材 Ⅳ．①TP391.413

中国版本图书馆CIP数据核字(2019)第240442号

# 内 容 提 要

　　本书以 Photoshop CC 为软件平台，从初学者的学习需求出发，由浅入深、全面详尽地介绍了软件的常用功能，并通过典型的实例将相关知识融入具体的操作中，真正做到了理论与实践相结合，让读者在学习过程中掌握 Photoshop CC 的相关操作。

　　全书共分为 10 章，主要内容包括视觉设计基础知识、图像选区的创建与编辑、绘图工具与修图工具、图像的色彩调整、图层的操作、蒙版和通道的应用、路径的应用、文本的输入与编辑、滤镜的应用和经典案例实战。各章配有针对全国计算机等级考试（二级）Photoshop 考试的历年考试真题及相关习题，便于读者巩固所学，备考全国计算机等级考试（二级）。

　　本书适合作为高等院校计算机相关课程的教材，也适合作为 Photoshop 的培训教材。

◆ 主　　编　庄志蕾　叶　嫣　周维柏
　　副 主 编　翁权杰　廖俐鹃　贺　琳
　　　　　　　郑燕姣　王　薇　宁晓虹
　　主　　审　李　蓉
　　责任编辑　许金霞
　　责任印制　周昇亮
◆ 人民邮电出版社出版发行　　北京市丰台区成寿寺路 11 号
　　邮编　100164　　电子邮件　315@ptpress.com.cn
　　网址　https://www.ptpress.com.cn
　　临西县阅读时光印刷有限公司印刷
◆ 开本：787×1092　1/16
　　印张：15.75　　　　　　　　　　2020 年 9 月第 1 版
　　字数：422 千字　　　　　　　　2022 年 6 月河北第 3 次印刷

定价：79.80 元

读者服务热线：(010)81055256　印装质量热线：(010)81055316
反盗版热线：(010)81055315
广告经营许可证：京东市监广登字 20170147 号

Photoshop CC 是 Adobe 公司最新推出的图形图像处理软件，其新增功能和精美的操作界面给用户带来了全新的体验。尤其是 2016 年 11 月推出的 Photoshop CC 2017 是 Photoshop 产品史上升级幅度较大的一个版本，对常用功能做了重要改进，并增加了许多能够显著提高工作效率的工具。

本书以 Photoshop CC 2017 为基础编写，全书共 10 章。第 1 章讲解视觉设计基础知识。第 2 章～第 9 章讲解 Photoshop CC 的核心功能，包括图像选区的创建与编辑、绘图工具与修图工具、图像的色彩调整、图层的操作、蒙版和通道的应用、路径的应用、文字的输入与编辑、滤镜的应用等。第 10 章为经典案例实战，通过解析海报制作和网页制作两个实例，培养学生的综合应用的能力。

本书特色如下：

◎ 本书以通俗易懂的语言、生动有趣的创意实例带领学生进入精彩的 Photoshop 世界。本书注重基本概念，面向实际应用，采用案例式教学的理念，激发学生学习的主动性、培养创新意识。

◎ 本书分为 10 章，在强调应用的前提下，还配有针对全国计算机等级考试（二级）Photoshop 考试的历年真题及相关习题，便于学生备考。

◎ 本书在知识点讲解和实例操作解析中，还适当穿插了"小提示"，让学生在掌握基础知识和基本操作的基础上，能够开拓视野。

◎ 本书配套的云空间资料，除了包含书中所有实例的素材和源文件外，还有自学平台。该自学平台包括课程学习、测试中心、课程作业和课程资源等内容。任课教师可在自学平台上发布课程作业，学生可通过自学平台课进行自主学习。课程资源包括试题库、试卷库、视频库和课件库，其中教学视频 300 多个，操作试题 300 多道，所有操作试题都有对应的操作视频和具体操作步骤的文档。

◎ 本书符合全国计算机等级考试大纲的要求（广东省计算机等级考试命题组教师参与了编写）。

# 前　言 / FOREWORD

　　本书由广州商学院计算机基础教研室统一策划、组织和编写。由庄志蕾、叶嫣、周维柏任主编，翁权杰、廖俐鹃、贺琳、郑燕姣、王薇、宁晓虹任副主编，陈颂丽、马汝祯、李蓉等参与了资料整理、部分章节的编写和校对工作，全书由李蓉统稿和审定。本书在编写过程中得到了学院相关领导的大力支持和帮助，在此一并表示感谢。

　　由于编者水平有限，书中难免存在疏漏之处。感谢您选择本书，也希望您能够把对本书的意见和建议告诉编者，邮箱：10139066@qq.com。

编　者
2020 年 4 月

# 目录/

# CONTENTS

# CONTENTS

# CONTENTS

# CONTENTS

# Photoshop CC

## 第1章
## 视觉设计基础知识

　　多媒体软件在人们的日常生活当中已经逐渐普及。在多款图像处理软件中，Photoshop 的地位毋庸置疑，因其功能强大、修图方式丰富，已经成为图像处理行业的标杆。当前，Photoshop 图像处理功能的应用已经从印刷行业延伸到教育、培训、网站建设、影楼等多个领域。本章从图像处理理论知识入手，重点介绍色彩空间以及图像数字化的过程，并对 Photoshop CC 2017 的工作界面及基本操作进行讲解。

# 1.1　图像处理基础

计算机中的图像又称点阵图像或位图图像，简称位图（Bit-mapped Image）。图像作为人类感知世界的基础，是人类获取信息、表达信息和传递信息的重要手段，也是人类最容易接收的信息。在进行图像设计与处理时，首先应认识色彩，以便通过图像的色彩区别和明暗关系来感知图像的内容。因此，要理解图像处理软件中各种有关色彩的术语，首先需具备基本的色彩理论知识。

## 1.1.1　色彩理论

人类的眼睛要想看见颜色，首先需要光。光分为单色光与复色光，复色光又称"复合光"，是由几种单色光合成的光，包含多种频率，如太阳光、弧光、白炽灯发出的光等都属于复色光。下面将介绍与光和颜色相关的知识。

### 1. 光谱

光谱的全称为光学频谱，是复色光经过色散系统（如棱镜、光栅）分光后，被色散开的单色光按波长（或频率）大小而依次排列的图案，如图 1-1 所示。光谱中最大的一部分可见光谱是电磁波谱中人眼可见的一部分，在这个波长范围内的电磁辐射被称作可见光。

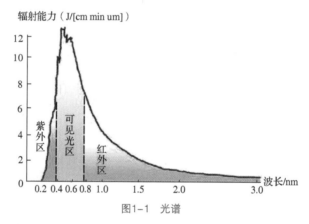

图 1-1　光谱

光谱并没有包含人类大脑视觉所能区别的所有颜色，如褐色和粉红色等。可见光谱也没有精确的范围，一般人的眼睛可以感知的电磁波波长为 400nm ~ 760nm，但仍有少数人能够感知到波长为 380nm ~ 780nm 的电磁波。

由于物体表面材质不同，受光线照射后，会产生光的分解现象，即一部分光线被吸收，其余的光线被反射或折射出来，呈现为我们所见物体的色彩。色彩是人类视觉对可见光感知的结果，在可见光谱内，不同波长的电磁波会使眼睛引起不同的颜色感觉。

### 2. 色彩的构成

色彩一般分为无彩色和有彩色两大类。

无彩色是指白、灰、黑等不带颜色的色彩，即反射白光的色彩。例如，黑白照片就是无彩色的图像。

有彩色是指带有红、黄、蓝、绿等颜色的色彩。在这类色彩中，某些特殊的颜色具有特定的名称。

（1）原色。原色是指无法用其他颜色混合得到的颜色，即第一色。原色只有红、黄、蓝 3 种，如图 1-2 所示。以不同比例混合原色，可以调配出其他新的颜色。

（2）间色。三原色中任何两种颜色混合产生的颜色称为间色，又称第二色。间色也有 3 种：橙、绿、紫。

（3）补色。在色环上，相对的两种颜色（即在同一条直径上的两种颜色）为一组补色，如红和绿、橙和蓝、黄和紫都是补色。补色的对比十分强烈，在视觉上给人不和谐的感觉。补色的组合，可以使人感觉红的更红、绿的更绿。补色虽然不和谐，但如果运用得好，就会给人很强的视觉冲击力；如果运用得不好，就会给人俗气、刺眼的感觉。

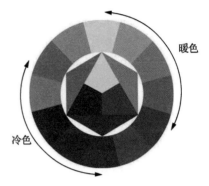

暖色

冷色

图1-2　色环

（4）对比色。如与指定的某色，依色环度成 108°～144° 的相对，在此范围内的所有颜色称为对比色。

（5）同类色。同类色是指色素比较相近的不同颜色，如大红、朱红、玫瑰红、深红等。

（6）邻近色。邻近色是指在色环上相邻的各种颜色，如黄绿、黄、橙黄、橙等。

3. 色彩的三要素

色彩具有 3 个基本特性，即色相、纯度（也称彩度、饱和度）、明度。在色彩学上，这 3 个特性也称为色彩的三大要素或色彩的三属性。

（1）色相。色相是指能够比较确切地表示某种颜色色别的名称，如玫瑰红、橘黄、柠檬黄、钴蓝、群青、翠绿……从光学物理上讲，各种色相是由射入人眼的光线的光谱成分决定的。对于单色光来说，色相完全取决于该光线的波长；对于复色光来说，色相则取决于各种波长光线的相对量。物体的颜色是由光源的光谱成分和物体表面反射（或透射）的特性决定的。

（2）纯度（彩度、饱和度）。纯度是指色彩的纯净程度，它表示颜色中所含有色成分的比例。含有色成分的比例越大，则色彩的纯度越高；含有色成分的比例越小，则色彩的纯度越低。可见光谱的各种单色光是最纯的颜色，为极限纯度。当在一种颜色中掺入黑、白或其他彩色时，纯度就会发生变化。当掺入的颜色占很大的比例时，用肉眼来看，原来的颜色就失去本来的光彩，而变成掺和后的颜色了。当然，这并不是说在这种被掺和的颜色里已经不存在原来的颜色，而是大量地掺入其他彩色使得原来的颜色被同化，以致人的眼睛无法感觉出来。

有色物体色彩的纯度与物体的表面结构有关。如果物体表面粗糙，其漫反射作用将使色彩的纯度降低；如果物体表面光滑，其全反射作用将使色彩变得鲜艳。

（3）明度。明度是指色彩的明亮程度。各种有色物体反射光量不同，所以产生了颜色的明暗强弱。色彩的明度有两种情况：一是同一色相的不同明度。如同一颜色在强光照射下显得明亮、在弱光照射下显得较灰暗模糊；同一颜色加黑或加白后，也能产生各种不同的明暗层次。二是各种颜色的不同明度。每一种纯色都有与其相应的明度，黄色明度最高，蓝、紫色明度最低，红、绿色为中间明度。色彩的明度变化往往会影响到纯度，如红色加入黑色后，明度降低了，同时纯度也降低了；红色加入白色后，明度提高了，纯度却降低了。

色彩的色相、纯度和明度，这 3 个特征是不可分割的，在应用时必须同时考虑。

## 1.1.2　计算机图像处理

1. 计算机图像处理的定义

从广义上来说，计算机图像处理（Computer Image Processing）泛指一切利用计算机进行与图像相关的过程、技术或系统。它与各个领域都有很深的交叉与渗透，如工业生产、生物医学、智能监控、虚拟现实、生活娱乐等。

计算机图像处理包括：对数字图像的处理、对数字图像的分析与理解、结合传感设备对实际事物的数字化图像采集以及对图像处理结果的数字化表达等。

从狭义上来说，计算机图像处理就是使用计算机对已经数字化的图像进行修改和处理。本书中介绍了使用 Photoshop 软件对数字图像进行加工处理的方法。

2. 计算机图像处理的具体内容

（1）数字图像处理。计算机是一种数字化的处理设备，因此经典的计算机图像处理主要是指数字图像处理（Digital Image Processing），其中包括图像的空间域处理、频域处理、复原处理、压缩处理、形态学处理、分割处理等。计算机所要完成的工作是运行相应的程序，以得到所需要的图像处理结果，其常用的编程语言包括 C、Matlab 等。

此外，像 IPP、OpenCV、MTL 这样的函数库，包含了许多经典、高效的图像处理模块，为开发人员提供了不少便利。而像 Photoshop 这样的商用软件，则是将计算机图像处理的复杂算法做成了友好的用户界面，为摄影爱好者、广告设计师等注重应用的人群提供了一个简单易用的工具。一般来说，数字图像处理技术主要应用于对图像的预处理方面。

（2）模式识别（Pattern Recognition，PR）与计算机视觉（Computer Vision，CV）。利用计算机图像处理技术除了对图像本身进行基本的改善之外，还可以挖掘图像内部更深层的信息，以达到更为广泛的应用目的，如识别、监控、分析、预测等。

在现实生活中，我们所接触到的文字识别、人脸识别、智能监控、智能交通、邮件自动快速分拣、工业非接触在线检测等，都是基于计算机图像处理技术以及相关的理论知识实现的。在这个领域中，人们利用采集到的图像和计算机强大的处理能力，实现计算机的智能化与视觉能力，让计算机逐步成为生活、生产中提高效率的关键工具之一；同时，计算机图像处理技术也能够完成许多以往人们不可能完成的任务，从根本上改变了人们的生活方式与理念。

（3）虚拟现实与多媒体。虚拟现实（Virtual Reality，VR）作为当今一个热门的研究领域，其建立与发展在很大程度上都离不开计算机图像处理技术的发展。它通过计算机图像处理技术，用数字化的形式为人们展现出不一样的结果。例如，3D 电影为人们带来了视觉上的冲击，CT、PET 的三维重建技术为医生的诊断带来了更加可靠的依据，三维场景模拟则为研究人员提供了更为丰富的研究素材与表现形式等。

除此之外，计算机图像处理技术又与多媒体技术、通信技术的发展紧密结合。例如，随处可见的移动电视、如火如荼的视频通话、蓬勃发展的高清数字电视等，都与计算机图像处理技术息息相关，深刻地影响着人们的生活。

3. 计算机图像处理的前景

作为当今科研领域最为活跃的一个方向，计算机图像处理以其独特的魅力、广泛的应用吸引了许多国内外科研单位和企业的关注。例如，清华大学电子工程系智能图文信息处理研究室研发的"TH-OCR"文字识别系统，微软公司、英特尔公司联合研制的"数字家庭"平台等，都是计算机图像处理应用的经典案例；同时，还有数不胜数的产品正处于研发阶段，或是批量生产阶段，准备掀起下一轮的"技术狂潮"。因此，我们完全有理由相信，计算机图像处理技术终将会给我们的生活、工作、学习等各方面带来深远的影响。

### 1.1.3 数字图像及相关概念

数字图像又称数码图像或数位图像，由数组或矩阵表示，其光照位置和强度都是离散的。数字图像是由模拟图像数字化得到的，以像素为基本元素，可以用数字计算机或数字电路存储和处理的图像。

#### 1. 像素

数字图像可以由许多不同的输入设备和技术生成，如数码相机、扫描仪、坐标测量机等；也可以由任意的非图像数据合成得到，如数学函数或者三维几何模型。三维几何模型也是计算机图形学的一个主要分支。在这些生产图像的设备中，凡是涉及位图的图像都离不开像素这一基本概念。

像素（Pixel）是指在由数字序列表示的图像中的最小单位。

像素是在模拟图像数字化时，对连续空间进行离散化得到的。每个像素都具有整数行（高）和列（宽）位置坐标，同时也都具有整数灰度值或颜色值。

在计算机中，像素通常保存为二维整数数组的光栅图像，这些值经常用压缩格式进行传输和储存。

#### 2. 位图图像

位图图像也称为点阵图像或绘制图像，是由许多像素点组成的数字图像。

Photoshop 主要处理的就是位图图像，像素就是组成图像的最基本单元，如图 1-3 所示。一幅图像通常由许多像素组成，这些像素被排成横行或纵列。

图1-3　放大1600倍的颜色块

当用缩放工具将图像放大到足够大时，就可以看到类似马赛克的效果，每个小方块就是一个像素，也可称为栅格。每个像素都有不同的颜色值，单位长度内的像素越多，该图像的分辨率就越高，图像的效果就越好。

本章后面介绍的 RGB、CMYK 等颜色模式都是位图图像颜色的编码方法。

#### 3. 矢量图

矢量图也称为面向对象的图像或绘图图像，在数学上被定义为一系列由线连接的点。矢量文件中的图形元素称为对象，每个对象都是一个自成一体的实体，具有颜色、形状、轮廓、大小和屏幕位置等属性。

矢量可以是一个点或一条线。矢量图是根据几何特性绘制图形的，只能靠软件生成，矢量文件占用内存空间较小。因为这种类型的图像文件包含独立的分离图像，可以自由无限制地重新组合，如图1-4所示。它的特点是图像放大后不会失真,和分辨率无关,适用于图形设计、文字设计和一些标志设计、版式设计等。

图1-4　矢量图

### 4. 分辨率

分辨率可以从显示分辨率与图像分辨率两个方面来分类。

显示分辨率（屏幕分辨率）是屏幕图像的精密度,指显示器所能显示的像素数量。由于屏幕上的点、线和面都是由像素组成的，显示器可显示的像素越多，画面就越精细，同样的屏幕区域内能显示的信息也就越多，所以分辨率是电子设备非常重要的性能指标之一。我们可以把整个图像想象成一个大型的棋盘，而分辨率的表示方式就是所有经线和纬线交叉点的数目。在显示分辨率一定的情况下，显示屏越小，图像越清晰；而在显示屏大小固定的情况下，显示分辨率越高，图像越清晰。

图像分辨率是指单位英寸中所包含的像素点数，其定义更趋近于分辨率本身的定义。

分辨率决定了位图图像显示细节的精细程度。通常情况下，图像的分辨率越高，所包含的像素就越多，图像就越清晰，印刷质量也就越好。同时，高分辨率也会增加文件占用的存储空间。

分辨率的单位有 DPI（点每英寸）、LPI（线每英寸）和 PPI（像素每英寸）3 种。

（1）DPI（Dots Per Inch）。DPI 是一个量度单位，用于点阵数码影像，指在每一英寸长度中，取样、可显示或输出点的数目。

DPI 是打印机、鼠标等设备分辨率的度量单位，是衡量打印机打印精度的主要参数之一。一般来说，DPI 的值越高，表明打印机的打印精度越高。

DPI 是指每英寸的像素，也就是扫描精度。DPI 的值越低，扫描的清晰度就越低。由于受网络传输速度的影响，Web 上使用的图片都是 72DPI，但是冲洗照片不能使用这个参数，必须是300DPI 或更高。例如，要冲洗 4×6 英寸的照片，扫描精度必须是 300DPI，那么文件尺寸就应该是(4×300)×(6×300)=1200 像素 ×1800 像素。

（2）LPI（Lines Per Inch）。在商业印刷领域中，分辨率以每英寸上等距离排列多少条网线，即 LPI 表示。在传统商业印刷制版过程中，要在原始图像前加一个网屏，这一网屏由呈方格状的透明与不透明部分相等的网线构成。这些网线就是光栅，其作用是切割光线、解剖图像。由于光线具有衍射的物理特性,因此光线通过网线后就会形成反映原始图像变化的大小不同的点,这些点就是半色调点。一个半色调点最大不会超过一个网格的面积,网线越多,表现图像的层次就越多,图像质量也就越好。因此,在商业印刷行业中采用 LPI 表示分辨率。

（3）PPI（Pixel Per Inch）。PPI 描述的是在水平和垂直方向上,每英寸距离的图像包含的像素数量。从理论上来说,图像 PPI 的值越高,在屏幕上显示画面的细节就越丰富,即单位面积的像素数量更多。

然而这个理论并不是完全准确的,目前市面上常见的显示器主要是液晶显示器。显示器的最佳分辨率就是液晶屏的每个液晶颗粒点显示图片像素的效果,即图像的 100% 显示。由于液晶屏的物理特性,每个液晶颗粒只能展示一个颜色,在液晶屏大小不变的情况下,图像分辨率太高并不能展示出更好的视觉效果。

**小提示**　　　PPI 和 DPI 经常被混用。其实它们所用的领域存在区别：从技术角度说,"像素"只存在于计算机显示领域,而"点"主要用于打印或印刷领域。在 Photoshop 中,位图图像常常按分辨率显示,与打印尺寸关系不大,但文字大小一般使用"点"进行设置,也就是按照真正的打印尺寸进行显示。用户可以开启辅助工具"标尺",最终确定图像与文字的真实比例。

### 1.1.4　颜色模型与颜色模式

1. 颜色模型

颜色模型指的是某个三维颜色空间中的一个可见光子集,包含某个色彩域的所有色彩。一般而言,任何一个色彩域都只是可见光的子集,任何一个颜色模型都无法包含所有的可见光。常见的颜色模型有 HSV、HSI、RGB、CMYK、LAB 等。

（1）HSV 颜色模型。

HSV 颜色模型中的每一种颜色都是由色相（Hue,H）、饱和度（Saturation,S）和明度（Value,V）表示的。如图 1-5 所示,HSV 颜色模型对应于圆柱坐标系中的一个圆锥形子集,圆锥的顶面对应于 V=1。V 表示色彩的明亮程度,范围从 0 ~ 1,V=1 时所代表的颜色较亮。色相（H）由绕 V 轴的旋转角给定,取值范围为 0° ~ 360°,从红色开始按逆时针方向计算,红色为 0°,绿色为 120°,蓝色为 240°。它们的补色是：黄色为 60°,青色为 180°,品红为 300°。饱和度（S）为比例值,取值从 0 ~ 1,所以圆锥顶面的半径为 1,它表示所选颜色的纯度和该颜色最大的纯度之间的比率。S=0 时,只有灰度。

HSV 颜色模型所代表的颜色域是 CIE 色度图的一个子集,这个模型中饱和度为 100% 的颜色,其纯度一般小于 100%。在圆锥的顶点（即原点）处,V=0,H 和 S 无定义,代表黑色。在圆锥的顶面中心处,S=0,V=1,H 无定义,代表白色。从该点到原点代表亮度渐暗的灰色,即具有不同灰度的灰色,对于这些点,S=0,H 无定义。

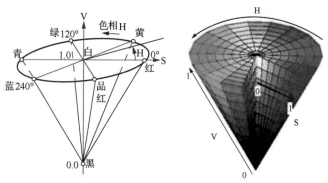

图1-5　HSV颜色模型

可以说，HSV 颜色模型中的 V 轴对应于 RGB 颜色空间中的主对角线。在圆锥顶面圆周上的颜色，V=1，S=1，这种颜色是纯色。HSV 颜色模型对应于画家配色的方法。画家用改变色浓和色深的方法，从某种纯色中获得不同色调的颜色。在一种纯色中加入白色以改变色浓，加入黑色以改变色深，同时加入不同比例的白色、黑色，即可获得各种不同的色调。

（2）HSI（HSB）颜色模型。

HSI 颜色模型的色彩空间是从人的视觉系统出发，用色相（Hue）、饱和度（Saturation）和亮度（Intensity 或 Brightness）来描述色彩的。HSI 颜色模型可以用一个圆锥空间模型来描述，如图 1-6 所示。用圆锥模型描述 HSI 颜色模型虽相当复杂，但能把色调、饱和度和亮度的变化情形表现得很清楚。通常把色调和饱和度通称为色度，用来表示颜色的类别与深浅程度。

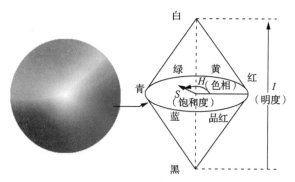

图1-6　HSI 颜色模型

由于人的视觉对亮度的敏感程度远强于对颜色浓淡的敏感程度，为了便于进行色彩处理和识别，人的视觉系统经常采用 HSI 颜色模型，它比 RGB 颜色模型更符合人的视觉特性。在图像处理和计算机视觉中，大量算法都可在 HSI 颜色模型中使用。因此，HSI 颜色模型可以大大减小图像分析和处理的工作量。HSI 颜色模型和 RGB 颜色模型只是同一物理量的不同表示法，因而它们之间存在着转换关系。

（3）RGB 颜色模型。

绝大部分可见光谱都可以用红 (Red)、绿 (Green) 和蓝 (Blue) 三色光按不同比例和强度的混合来表示，在颜色重叠的位置产生青色、洋红和黄色。因为 RGB 颜色合成产生白色，所以也称为"加色"，如图 1-7 所示。加色用于光照、视频和显示器，如显示器通过红、绿和蓝荧光粉发射光线产生彩色。

RGB 颜色模型通常适用于彩色阴极射线管等彩色光栅图形显示设备。彩色光栅图形的显示器都使用 R、G、B 数值来驱动 R、G、B 电子枪发射电子，并分别激发荧光屏上的 R、G、B 三种颜色的荧光粉发出不同亮度的光线，进而通过相加混合产生各种颜色。扫描仪就是通过吸收原稿经反射或透射而发送的光线中的 R、G、B 成分，用来表示原稿的颜色。

RGB 颜色模型称为与设备相关的颜色模型，其覆盖的颜色域取决于显示设备荧光点的颜色特性，即与硬件相关。它是人们最熟悉、使用最多的颜色模型。RGB 颜色模型采用三维直角坐标系，红、绿、蓝原色是加性原色，把它们混合在一起可以产生复合色。

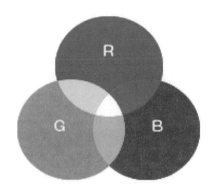

图1-7　RGB颜色模型加色效果

RGB 颜色模型通常采用图 1-8 所示的单位正方体来表示。在正方体的主对角线上，各原色的强度相等，产生由暗到明的白色，也就是不同的灰度值。（0，0，0）为黑色，（255，255，255）为白色。正方体其他 6 个角的颜色分别为红、黄、绿、青、蓝和品红。

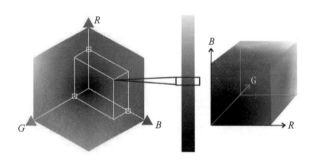

图1-8　RGB颜色模型

（4）CMYK 颜色模型。

CMYK（Cyan, Magenta ,Yellow, Black）颜色模型应用于印刷工业，印刷业通过青（C）、品（M）、黄（Y）三原色油墨的不同网点面积率的叠印来表现丰富多彩的颜色和阶调，这便是三原色的 CMY 颜色模型。在实际印刷中，一般采用青（C）、品（M）、黄（Y）、黑（BK）四色印刷，在中间调至暗调增加黑。在 RGB 颜色模型中，混合红、绿、蓝三原色会产生白色；在 CMYK 颜色模型中，将青色、品红色和黄色混合时，会产生黑色。然而，打印时使用的墨水并不能合成纯正的黑色，因此使用黑色墨水代替，如图 1-9 所示。CMYK 颜色模型是和设备或者印刷过程相关的，在不同的条件下，如工艺方法、油墨的特性、纸张的特性等，会产生不同的印刷结果。所以，CMYK 颜色模型被称为与设备有关的表色空间。

CMYK 颜色模型具有多值性，也就是说对同一种具有相同绝对色度的颜色，在相同的印刷过程中，可以用多种 CMYK 颜色模型进行组合。这种特性在给颜色管理带来很多麻烦的同时，也带来了很多灵活性。

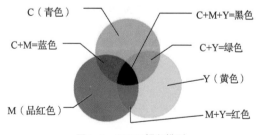

图1-9　CMYK颜色模型

在印刷过程中，必然要经过一个分色的环节。所谓分色，就是将计算机中使用的 RGB 颜色转换成印刷时使用的 CMYK 颜色。在转换过程中存在两个复杂的问题：其一是这两个颜色模型在表现颜色的范围上不完全一样，RGB 的色域较大，而 CMYK 的色域则较小，因此需要进行色域压缩；其二是这两个颜色本身没有绝对性，都是和具体的设备相关的，因此就需要通过一个与设备无关的颜色模型来进行转换，如 XYZ 或 LAB 颜色模型。

（5）LAB 颜色模型。

LAB 颜色模型是由 CIE（国际照明委员会）制定的一种色彩模型。自然界中任何一种颜色都可以用 LAB 颜色模型表达出来，它的色彩空间比 RGB 的色彩空间还要大。另外，这种模型是以数字化的方式来描述人的视觉感受的，与设备无关，所以弥补了 RGB 和 CMYK 颜色模型必须依赖于设备色彩特性的不足。

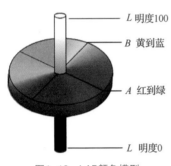

L 明度100
B 黄到蓝
A 红到绿
L 明度0

图1-10  LAB颜色模型

由于 LAB 颜色模型的色彩空间比 RGB 颜色模型和 CMYK 颜色模型的色彩空间大，所以 RGB 颜色模型以及 CMYK 颜色模型所描述的色彩信息在 LAB 空间中都能得以影射。LAB 颜色模型如图 1-10 所示，其中 L 代表亮度；A 的正数代表红色，负数代表绿色；B 的正数代表黄色，负数代表蓝色。

（6）HSL 颜色模型。

HSL（Hue，Saturation，Lightness）颜色模型是指计算机图形程序的颜色，用六角形锥体表示。

（7）YCC 颜色模型。

YCC 颜色模型是由柯达发明的。由于 PhotoCd 在存储图像时要经过一种模式压缩，所以它采用了 YCC 颜色模型。YCC 颜色模型将亮度作为它的主要组件，具有两个单独的颜色通道。采用 YCC 颜色模型保存图像，可以节约存储空间。

（8）XYZ 颜色模型。

国际照明委员会（CIE）进行了大量正常人视觉的测量和统计，于 1931 年建立了"标准色度观察者"，从而奠定了现代 CIE 标准色度学的定量基础。由于"标准色度观察者"用来标定光谱色时出现负刺激值，计算不便，也不易理解，因此 1931 年 CIE 在 RGB 系统的基础上，改用 3 个假想的原色 X、Y、Z，建立了一个新的色度系统。由于 XYZ 颜色模型存在不均匀性，因此在 XYZ 空间不能直观地评价颜色。

（9）YUV 颜色模型。

在现代彩色电视系统中，通常采用三管彩色摄像机或彩色 CCD（点耦合器件）摄像机，它把拍摄的彩色图像信号经分色分别放大校正得到 RGB，再经过矩阵变换电路得到亮度信号 Y 和两个色差信号 R-Y、B-Y，最后发送端对亮度和色差 3 个信号分别进行编码，用同一信道发送出去，这就是我们常用的 YUV 颜色模型。YUV 颜色模型的重要性是，它的亮度信号 Y 和色度信号 U、V 是分离的。如果只有 Y 信号分量而没有 U、V 信号分量，那么这样表示的图像就是黑白灰度图。彩色电视采用 YUV 色彩颜色模型正是为了用亮度信号 Y 解决彩色电视机与黑白电视机的兼容问题，从而使黑白电视机也能接收彩色信号。

根据美国国家电视制式委员会（NTSC）的标准，当白光的亮度用 Y 表示时，它和红、绿、蓝三色光的关系可用如下方程描述：$Y=0.3R+0.59G+0.11B$。这就是常用的亮度公式。色差 U、V 是由 B-Y、R-Y 按不同比例压缩而成的。如果要由 YUV 色彩空间转化成 RGB 色彩空间，只要进行逆运算即可。与 YUV 色彩空间类似的还有 LAB 色彩空间，它也是用亮度和色差来描述色彩分量的，其中 L 为亮度，

A 和 B 分别为各色差分量。

2．颜色模式

颜色模式是将某种颜色表现为数字形式的模型，或者说根据对应颜色模型来记录图像颜色的方式。在 Photoshop 中可以转换的颜色模式为：位图模式、灰度模式、双色调模式、索引颜色模式、RGB 颜色模式、CMYK 颜色模式、HSB 颜色模式、LAB 颜色模式和多通道模式。

（1）位图模式。

位图模式用两种颜色（黑和白）来表示图像中的像素，因而位图模式的图像也称为黑白图像。位图模式的深度为 1，故也称为一位图像。由于位图模式只用黑白色来表示图像的像素，在将图像转换为位图模式时会丢失大量细节，因此 Photoshop 提供了几种算法来模拟图像中丢失的细节。在宽度、高度和分辨率相同的情况下，位图模式的图像尺寸最小，约为灰度模式的 1/7 和 RGB 颜色模式的 1/22以下。

（2）灰度模式。

灰度模式可以使用多达 256 级灰度来表现图像，使图像的过渡更平滑细腻。灰度图像的每个像素有一个 0（黑色）～ 255（白色）的亮度值。另外，灰度值也可以用黑色油墨覆盖的百分比来表示（0等于白色，100 等于黑色）。使用黑白或灰度扫描仪产生的图像，常以灰度显示。

（3）双色调模式。

双色调模式通过采用 2～4 种彩色油墨混合其色阶来创建双色调（2 种颜色）、三色调（3 种颜色）和四色调（4 种颜色）的图像。在将灰度模式转换为双色调模式的过程中，可以对色调进行编辑，使其产生特殊的效果。双色调模式最主要的用途是使用尽量少的颜色表现尽量多的颜色层次，这对于减少印刷成本是很重要的。因为在印刷时，每增加一种颜色就需要增加更多的成本。

（4）索引颜色模式。

索引颜色模式是网络和动画中常用的图像模式。彩色图像在转换为索引颜色模式的图像后，包含近 256 种颜色。索引颜色模式的图像包含一个颜色表。如果原图像中颜色不能用 256 色表现，则Photoshop 会从可使用的颜色中选出最相近的颜色来模拟这些颜色，这样就可以减小图像文件的尺寸。颜色表用来存放图像中的颜色，并为这些颜色建立颜色索引，它可在转换的过程中被定义或在生成索引颜色模式的图像后被修改。

（5）RGB 颜色模式。

虽然可见光的波长有一定的范围，但在处理颜色时并不需要将每一种波长的颜色都单独表示。自然界中所有的颜色都可以用红、绿、蓝 3 种颜色波长的不同强度组合而成。有时候也将这 3 种基色称为添加色（Additive Colors），这是因为当把不同光的波长加到一起后，得到的是更加明亮的颜色。把3 种原色交互重叠，就产生了次混合色：青（Cyan）、洋红（Magenta）、黄（Yellow）。这时就引出了互补色（Complement Colors）的概念。基色和次混合色是彼此的互补色，即彼此之间最不一样的颜色。例如，青色由蓝色和绿色构成，而红色是缺少的一种颜色，因此青色和红色构成了彼此的互补色。在数字视频中，对 RGB 三原色各进行 8 位编码就构成了大约 1677 万种颜色，即 24 位真彩色。另外，电视机和计算机的显示器都是基于 RGB 颜色模式创建颜色的。

（6）CMYK 颜色模式。

CMYK 颜色模式是一种印刷模式，其中 C、M、Y、K 分别指青（Cyan）、洋红（Magenta）、黄（Yellow）、黑（Black），在印刷中代表 4 种颜色的油墨。CMYK 颜色模式在本质上与 RGB 颜色模式没有什么区别，只是产生色彩的原理不同。在 RGB 颜色模式中，由光源发出的色光混合生成颜色；而在 CMYK 颜色模式中，光线是照到由不同比例 C、M、Y、K 颜色混合的油墨上，部分光谱被吸收后，反射到人眼产生的颜色。C、M、Y、K 在混合成色时，随着这 4 种成分的增多，反射到人眼的光会越来越少，光线的亮度就会越来越低，所以 CMYK 颜色模式产生颜色的方法又被称为色光减色法。

（7）HSB 颜色模式。

从心理学的角度来看，颜色有 3 个要素：色相（Hue）、饱和度（Saturation）和亮度（Brightness）。HSB 颜色模式便是基于人对颜色的心理感受的一种颜色模式。它是由 RGB 三原色转换为 LAB 颜色模式，再在 LAB 颜色模式的基础上考虑到人对颜色的心理感受这一因素而转换成的。因此，这种颜色模式比较符合人的视觉感受，能让人感觉更加直观一些。它可由底与底对接的两个圆锥体立体模型来表示，其中轴向表示亮度，自上而下由白变黑；径向表示饱和度，自内向外逐渐变高；而圆周方向则表示色调的变化，形成色环。

（8）LAB 颜色模式。

LAB 颜色模式是由 RGB 三基色转换而来的，是由 RGB 模式转换为 HSB 颜色模式和 CMYK 颜色模式的桥梁。LAB 颜色模式由一个发光率（Luminance）和两个颜色轴（A，B）组成。其中 A 表示洋红至绿色的范围，B 表示黄色至蓝色的范围。它用颜色轴所构成的平面上的环形线来表示色的变化，其中径向表示饱和度的变化，自内向外饱和度逐渐增高；圆周方向表示色调的变化，每个圆周形成一个色环；而不同的发光率表示不同的亮度并对应不同环形颜色变化线。LAB 颜色模式是一种"独立于设备"的颜色模式，即使用任何一种显示器或者打印机，LAB 的颜色都不变。

（9）多通道模式。

多通道模式对有特殊打印要求的图像非常有用。例如，如果图像中只使用了一两种或两三种颜色时，使用多通道模式可以减少印刷成本并保证图像颜色的正确输出。8 位或 16 位通道模式在灰度 RGB 或 CMYK 颜色模式下，可以使用 16 位通道来代替默认的 8 位通道。根据默认情况，8 位通道中包含 256 个色阶，如果增加到 16 位，每个通道的色阶数量变为 65 536 个，这样就能得到更多的色彩细节。Photoshop 可以识别和输入 16 位通道的图像，但对于这种图像限制很多，且所有的滤镜都不能使用。另外，16 位通道模式的图像不能被印刷。

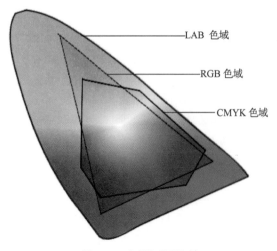

图1-11　各颜色模型色域

3. 各颜色模型的色域

色域是一个色系能够显示或打印的颜色范围。人眼看到的色谱比任何颜色模型中的色域都宽。

在 Photoshop 使用的颜色模型中，LAB 颜色模型具有最宽的色域，包括 RGB 和 CMYK 颜色模型中的所有颜色，如图 1-11 所示。通常，RGB 色域包含所有能在计算机显示器或电视屏幕（它们发出红光、绿光和蓝光）上显示的颜色。因而，一些诸如纯青或纯黄等颜色不能在显示器上精确显示。

CMYK 颜色模型的色域较窄，仅包含使用印刷色油墨能够打印的颜色。当不能被打印的颜色在屏幕上显示时，被称为溢色，即超出了 CMYK 颜色模型的色域。

## 1.1.5　常见图像格式

图像经过加工处理后，需要按一定的格式存储在计算机中。图像的编码存储格式分为两大类：有损压缩与无损压缩。

### 1. 有损压缩

有损压缩是利用人类对图像或声波中的某些频率成分不敏感的特性，允许在压缩过程中损失一部分影响不大的信息，换来文件较大压缩比的一种压缩方式。

有损压缩广泛应用于语音、图像和视频数据的压缩。在网络中，常见的声音、图像、视频压缩基本都是有损的。尽管有损压缩文件的出现大大丰富了网络的多媒体展示，但需注意，采用这种方式压缩的图像是无法还原的，也不能被反复保存（即多次按有损压缩的格式修改保存），否则图像质量会大打折扣。最典型的有损压缩格式是 JPG 格式。

### 2. 无损压缩

无损压缩是对文件本身的压缩，和其他数据文件的压缩一样，是对文件的数据存储方式进行优化，采用某种算法表示重复的数据信息。无损压缩文件可以完全还原，不会影响文件内容，也就不会使数字图像细节有任何损失。

无损压缩的基本原理是相同的颜色信息只需保存一次。压缩图像的软件首先要确定图像中哪些区域是相同的，哪些区域是不同的。例如，包括了重复数据的蓝天图像就可以被压缩，即只有蓝天的起始点和终结点需要被记录下来。但是，蓝色可能还会有不同的深浅，天空有时也可能被树木、山峰或其他对象掩盖，这些就需要另外记录。从本质上看，无损压缩的方法可以删除一些重复数据，大大减小要在磁盘上保存的图像尺寸。然而，无损压缩的方法并不能大幅度减小图像的内存占用量，因为当从磁盘上读取图像时，软件又会把丢失的像素用适当的颜色信息填充进来。如果要减小图像内存的占用量，就必须使用有损压缩的方法。无损压缩的图片格式有很多，一般文件较大，在网络中较为少见。

### 3. 常见图像格式

图像格式即图像文件存放在记忆卡上的格式，通常有 JPEG、TIFF、RAW 等。由于用数码相机拍摄的图像文件很大，而数码相机的储存容量有限，因此通常都会先压缩再储存图像。

（1）BMP 格式。

BMP 格式是一种与硬件设备无关的图像文件格式，使用非常广。它采用位映射存储格式，除了图像深度可选以外，不采用其他任何压缩。因此，BMP 文件所占用的空间很大，BMP 文件的图像深度可选 1bit、4bit、8bit 及 24bit。

由于 BMP 格式是 Windows 环境中交换与图像有关的数据的一种标准，因此在 Windows 环境中运行的图形图像软件都支持 BMP 图像格式。

典型的 BMP 图像文件由 3 部分组成：位图文件头数据结构，它包含 BMP 图像文件的类型、显示内容等信息；位图信息数据结构，它包含 BMP 图像的宽、高、压缩方法，以及定义颜色等信息；位图数据，即位图中每个像素的值，其记录顺序是在扫描行内从左到右、扫描行之间从上到下。

（2）TIFF 格式。

TIFF 格式是由 Aldus 和 Microsoft 公司为桌上出版系统研制开发的一种较为通用的图像文件格式。TIFF 格式灵活易变，定义了 4 类不同的格式：TIFF-B、TIFF-G、TIFF-P、TIFF-R。TIFF-B 适用于二值图像，TIFF-G 适用于黑白灰度图像，TIFF-P 适用于带调色板的彩色图像，TIFF-R 适用于 RGB 真彩图像。

TIFF 格式支持多种编码方法，其中包括 RGB 无压缩、RLE 压缩及 JPEG 压缩等。

TIFF 格式是现存图像文件格式中最复杂的一种，它具有扩展性、方便性、可改性，可以提供给 IBMPC 等环境运行图像编辑程序。

TIFF 格式在业界得到了广泛的支持，如 Adobe 公司的 Photoshop、The GIMP Team 的 GIMP、Ulead PhotoImpact 和 Paint Shop Pro 等图像处理应用，QuarkXPress 和 Adobe InDesign 这样的桌面印刷和页面排版应用，扫描、传真、文字处理、光学字符识别和其他一些应用等都支持这种格式。

（3）GIF 格式。

GIF 格式是 CompuServe 公司在 1987 年开发的图像文件格式。GIF 格式的数据是一种基于 LZW 算法的连续色调的无损压缩格式，其压缩率一般在 50% 左右，不属于任何应用程序。目前几乎所有相关软件都支持它，公共领域有大量的软件在使用 GIF 格式。

GIF 格式的一个特点是采用了可变长度等压缩算法，所以 GIF 格式的图像深度可从 1bit ~ 8bit 变化，即 GIF 格式最多支持 256 种色彩的图像。GIF 格式的另一个特点是其在一个 GIF 格式的文件中可以存多幅彩色图像，如果把存于一个文件中的多幅图像数据逐幅读出并显示到屏幕上，就可构成一种最简单的动画。

GIF 格式的解码较快，因为采用隔行存放的 GIF 图像，在边解码边显示的时候可分成四遍扫描。第一遍扫描后虽然只显示了整个图像的 1/8，第二遍扫描后也只显示了 1/4，但这已经把整幅图像的概貌显示出来了。在显示 GIF 图像时，隔行存放的图像会让人感觉到它的显示速度似乎要比其他图像快一些，这是隔行存放的优点。

GIF 格式的文件是 8 位图像文件，最多为 256 色，不支持 Alpha 通道。GIF 格式产生的文件较小，常用于网络传输。在网页上见到的图片大多是 GIF 格式和 JPG 格式的，其中 GIF 格式的优点在于其文件可以保持动画效果。

（4）JPEG 格式。

JPEG 格式的文件后缀名为 ".jpg" 或 ".jpeg"，是最常用的图像文件格式。它是由一个软件开发联合会组织制定的一种有损压缩格式，能够将图像压缩到很小的储存空间，但图像中重复或不重要的资料会丢失，因此容易造成图像数据的损失，尤其是使用过高的压缩比例，将使最终解压缩后恢复的图像质量明显降低。如果追求高品质的图像，就不宜采用过高的压缩比例。但是 JPEG 压缩技术十分先进，它用有损压缩的方式去除冗余的图像数据，在获得极高的压缩率的同时能展现出丰富生动的图像。换句话说，就是可以用最小的磁盘空间得到较好的图像品质。而且 JPEG 是一种很灵活的格式，具有调节图像质量的功能，允许用不同的压缩比例对文件进行压缩，并支持多种压缩级别。压缩率通常在 10:1 ~ 40:1，压缩率越高，品质就越低；相反，压缩率越低，品质就越好。比如，可以把 1.37MB 的 BMP 位图文件压缩至 20.3KB，当然也可以在图像质量和文件尺寸之间找到平衡点。JPEG 格式压缩的主要是高频信息，对色彩的信息保留较好，适用于互联网，可缩短图像的传输时间，支持 24 位真彩色，也普遍应用于需要连续色调的图像中。

JPEG 格式是目前网络上最流行的图像格式，是可以把文件压缩到最小的格式。在 Photoshop 软件中，文件以 JPEG 格式储存时，提供 11 级压缩级别，以 0 ~ 10 级表示。其中 0 级压缩比格式最高，图像品质最差。即使采用细节几乎无损的 10 级质量保存，压缩比格式也可达 5 ：1。若以 BMP 格式保存时得到 4.28MB 的文件，在采用 JPG 格式保存时，其文件仅为 178KB，压缩率达到 24 ： 1。经过多次比较，采用第 8 级压缩为存储空间与图像质量兼得的最佳比例。

JPEG 格式的应用非常广泛，特别是在网络和光盘读物上随处可见它的身影。目前各类浏览器均支持 JPEG 这种图像格式，因为 JPEG 格式的文件尺寸较小，下载速度快。

JPEG 2000 作为 JPEG 的升级版，其压缩率比 JPEG 高 30% 左右，同时支持有损压缩和无损压缩。JPEG 2000 格式有一个极其重要的特征，就是它能实现渐进传输，即先传输图像的轮廓，然后逐步传输数据，不断提高图像质量，让图像由朦胧到清晰地显示出来。此外，JPEG 2000 还支持所谓的"感兴趣区域"特性，可以任意指定影像上感兴趣区域的压缩质量，还可以选择指定的部分先解压缩。

JPEG 2000 和 JPEG 格式相比优势明显，且向下兼容，因此可取代传统的 JPEG 格式。JPEG 2000 既可应用于传统的 JPEG 市场，如扫描仪、数码相机等，又可应用于新兴领域，如网络传输、无线通信等。

（5）PCX 格式。

PCX 格式是由美国佐治亚州的 ZSoft 公司所开发的一种图像文档格式，原本是该公司的 PC Paintbrush 软件的文件格式（PCX 代表 PC Paintbrush Exchange），却成了最被广泛接受的 DOS 图像标准之一。然而，这种格式已经渐渐被其他更复杂的图像格式如 GIF、JPEG、PNG 取代。

（6）TGA 格式。

TGA 格式是由美国 Truevision 公司为其显示卡开发的一种图像文件格式，文件后缀为".tga"，已被国际上的图形图像、工业所接受。TGA 格式的结构比较简单，属于一种图形图像数据的通用格式，在多媒体领域有很大影响力，是计算机生成图像向电视转换的一种首选格式。

（7）PSD 格式。

PSD 格式的文件后缀为".psd"，可以支持图层、通道、蒙版和不同色彩模式的各种图像特征，是一种非压缩的原始文件保存格式。PSD 文件有时容量会很大，由于可以保留所有原始信息，在图像处理中对于尚未制作完成的图像，选用 PSD 格式保存是最佳的选择。注意，扫描仪不能直接生成 PSD 格式的文件。

（8）PSB 格式。

最高可保存长度和宽度不超过 300 000 像素的图像文件，此格式用于文件大小超过 2 GB 的文件，但只能在新版 Photoshop 中打开，其他软件以及旧版 Photoshop 均不支持。

（9）PNG 格式。

PNG 格式是网络接受的最新图像文件格式。PNG 格式能够提供长度比 GIF 小 30% 的无损压缩图像文件，同时提供 24 位和 48 位真彩色图像支持，以及其他诸多技术性支持。由于 PNG 格式非常新，所以目前并不是所有的程序都可以用它来存储图像文件，但 Photoshop 可以处理 PNG 格式图像文件，也可以用 PNG 格式存储。

（10）PDF 格式。

PDF 格式是由 Adobe Systems 用于与应用程序、操作系统、硬件无关的方式进行文件交换所发展出的文件格式。PDF 格式以 PostScript 语言图像模型为基础，无论在哪种打印机上都可保证精确的颜色和准确的效果，即 PDF 格式会忠实地再现原稿的每一个字符、颜色以及图像。

PDF 格式是一种电子文件格式，它与操作系统平台无关。也就是说，PDF 格式不管是在 Windows、UNIX，还是在苹果公司的 Mac OS 操作系统中，都是通用的。这一特点使它成为在 Internet 上进行电子文档发行和数字化信息传播的理想文档格式。目前，越来越多的电子图书、产品说明、公司文告、网络资料、电子邮件已开始使用 PDF 格式文件。

Adobe 公司设计 PDF 格式的目的是支持跨平台上的多媒体集成的信息出版和发布，尤其是提供对网络信息发布的支持。PDF 格式具有许多其他电子文档格式无法比拟的优点，既可以将文字、字形、格式、颜色及独立于设备和分辨率的图形图像等封装在一个文件中，又可以包含超文本链接、声音和动态影像等电子信息，支持特长文件，集成度和安全可靠性都较高。

对普通读者而言，用 PDF 格式制作的电子书具有纸版书的质感和阅读效果，可以逼真地展现图书的原貌，而且可任意调节显示大小，给读者提供了个性化的阅读方式。

（11）EPS 格式。

EPS 格式是用于 PostScript 打印机上输出图像的文件格式，大多数图像处理软件都支持该格式。EPS 格式能同时包含位图图像和矢量图形，并支持位图、灰度、索引、LAB、双色调、RGB 以及 CMYK。

## 1.2　认识Photoshop CC 2017

Adobe 系统公司（Adobe Systems Incorporated）是美国一家跨国计算机软件公司，总部位于加州的圣何塞，其官方大中华部门内也常以中文"奥多比"自称，主要从事多媒体制作类软件的开发，近年开始涉足互联网应用程序、市场营销应用程序、金融分析应用程序等软件的开发。

Adobe 公司成立于 1982 年，是美国最大的个人计算机软件公司之一，为包括网络、印刷、视频、无线和宽带应用在内的泛网络传播（Network Publishing）提供了一系列优秀的解决方案。该公司所推出的图形和动态媒体创作工具能让使用者创作、管理并传播具有丰富视觉效果的作品。

1985 年，美国苹果公司率先推出图形界面的麦金塔系列计算机（Macintosh），并广泛应用于排版印刷行业。至 1990 年，美国计算机行业著名的 3A（Apple、Adobe、Aldus）公司共同建立了一个全新的概念桌面印刷（Desk Top Publishing，DTP），它把计算机融入传统的植字和编排中，向传统的排版方式提出了挑战。在 DTP 系统中，先进的计算机是其硬件基础，排版软件和字库则是它的灵魂。在印刷中除了文字外，图形图像也是非常重要的部分，当然也需要专门的设计软件。为此，科学家们根据艺术家及平面设计师的工作特点开发了相应的软件，其中 Adobe 公司开发的 Photoshop 是最著名的软件之一。DTP 和图像软件的结合使设计师可以在计算机上直接完成文字的录入、排版、图像处理、形象创造和分色制版的全过程，因而可以说开创了"计算机平面设计"的时代。

### 1.2.1　Photoshop CC 2017概述

Adobe Photoshop 简称"PS"，是由 Adobe Systems 开发和发行的图像处理软件。

Photoshop 主要处理以像素所构成的数字图像，使用其众多的编修与绘图工具，可以有效地进行图片编辑工作。Photoshop 有很多功能，在图像、图形、文字、视频等各方面都有所涉及。

2003 年，Adobe Photoshop 8 被更名为 Adobe Photoshop CS。2013 年 7 月，Adobe 公司推出了新版本的 Photoshop CC。自此，Photoshop CS6 作为 Adobe CS 系列的最后一个版本被新的 CC 系列取代。

本书以 Adobe Photoshop CC 2017 为例进行讲解。

Adobe 支持 Windows 操作系统、安卓系统与 Mac OS，但 Linux 操作系统的用户可以通过使用 Wine 来运行 Photoshop 软件。

从功能上看，Photoshop 软件可分为图像编辑、图像合成、校色调色及特效功能制作等。

◎　图像编辑是图像处理的基础，可以对图像做各种变换，如放大、缩小、旋转、倾斜、镜像、透视等，也可进行复制、去除斑点、修补、修饰图像等。

◎　图像合成是将几幅图像通过图层操作及工具应用合成完整的、传达明确意义的图像，这是美术设计的必经之路。Photoshop 提供的绘图工具可以让图像与创意更好地融合。

◎　校色调色可方便快捷地对图像的颜色进行明暗、色偏的调整和校正，也可以在不同颜色之间进行切换，以满足图像在不同领域如网页设计、排版、多媒体等方面的应用。

◎　特效功能制作主要是通过滤镜、通道等工具进行的综合应用，包括图像的特效创意和特效字的制作，如油画、浮雕、石膏画、素描等常用的传统美术技巧都可由该软件的特效功能制作完成。

## 1.2.2　Photoshop CC 2017界面介绍

启动 Photoshop CC 2017，如图 1-12 所示。首先进入的是"开始"工作区，如图 1-13 所示，选择新建一个文件或者打开一个图片文件，然后就可以进入 Photoshop CC 2017 的工作界面了。工作界面中包含菜单栏、工具属性栏、工具箱、控制面板组、图像窗口和状态栏等内容，如图 1-14 所示。

图1-12　启动Photoshop CC 2017

图1-13　"开始"工作区

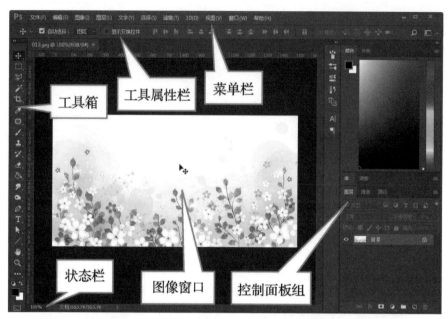

图1-14　Photoshop CC 2017工作界面

### 1. 菜单栏

菜单栏包含了 Photoshop CC 2017 中的所有命令，由文件、编辑、图像、图层、文字、选择、滤镜、3D、视图、窗口和帮助菜单项组成，每个菜单项下又内置了多个菜单命令，通过这些菜单命令可以对图像进行各种编辑处理。有的菜单命令右下侧标有"▶"符号，表示该菜单命令下还有子菜单；菜单名称有"…"符号的，表示单击后将打开一个对话框。

### 2. 工具属性栏

Photoshop 的大部分工具的属性设置都显示在工具属性栏中，它位于菜单栏的下方。选择不同工具后，工具属性栏也会随着当前工具的改变而变化，用户可以很方便地利用它来设定该工具的各种属性。

### 3. 工具箱

在默认状态下，Photoshop CC 2017 工具箱位于窗口左侧。工具箱是工作界面中最重要的面板，它几乎可以完成图像处理过程中的所有操作。用户可以将鼠标指针移动到工具箱顶部，按住鼠标左键，将其拖动到图像工作界面的任意位置。工具箱中部分工具按钮的右下角带有黑色"三角形"标记，表示这是一个工具组，其中隐藏有多个子工具，如图 1-15 所示。将鼠标指针指向工具箱中的工具按钮，就会出现工具名称的注释，注释括号中的字母即是此工具对应的快捷键。

### 4. 控制面板组

控制面板组是 Photoshop CC 2017 中非常重要的一个组成部分。通过它可以进行选择颜色、编辑图层、新建通道、编辑路径和撤销编辑等操作。Photoshop CC 2017 的面板有了很大的变化，执行菜单"窗口"→"工作面板"命令，可以选择需要打开的面板，如图 1-16 所示。打开的面板都依附在工作界面右边，单击面板右上方的"三角形"按钮，可以将面板缩为精美的图标，使用时直接选择所需面板按钮即可弹出面板，名称前方有"√"表示该面板目前处于开启状态。

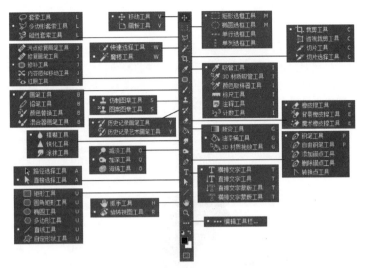

图1-15　工具箱中的工具

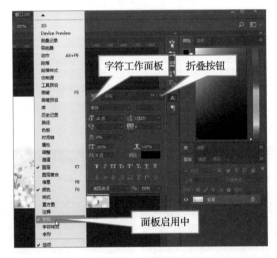

图1-16　控制面板的开启

### 5. 图像窗口

图像窗口是对图像进行浏览和编辑操作的主要场所，具有显示图像文件、编辑或处理图像的功能。在图像窗口的上方是选项卡标签，选项卡标签中可以显示当前文件的名称、格式、显示比例、色彩模式、所属通道和图层状态，如果该文件未被存储过，则标签以"未命名"并加上连续的数字作为文件的名称。

### 6. 状态栏

窗口底部的状态栏会显示图像的相关信息。最左端显示当前图像窗口的显示比例，在其中输入数值后，按下【Enter】键就可以改变图像的显示比例，中间则显示当前图像文件的大小。

## 1.2.3　Photoshop CC 2017的应用领域

随着新版本的推出，Photoshop 图像处理功能日益强大，可应用的范围也越来越广泛。从平面设计到网页设计再到三维贴图和动画，都能使用 Photoshop 进行设计与调整，这奠定了 Photoshop 在图像处理中不可动摇的地位。

### 1. 平面设计

Photoshop CC 2017 具有强大的图像编辑功能，几乎可以编辑所有的图像格式文件。它被广泛地应用于平面设计，不论是图书封面，还是招贴、海报，这些具有丰富图像的平面印刷品基本上都会使用 Photoshop 软件对图像进行处理，如图 1-17 所示。

### 2. 插画设计

Photoshop CC 2017 具有良好的绘画与调色功能，许多插画设计制作者往往会使用铅笔绘制草稿，然后运用 Photoshop CC 2017 绘制插画，如图 1-18 所示。

图1-17　平面设计　　　　　　　　　　　　　图1-18　插画设计

### 3. 网页设计

随着网络的普及，人们对网页制作的需要也越来越多。Photoshop CC 2017 除了可以处理制作网页所需的图片外，也顺应潮流增加了很多与网页设计相关的处理功能，可直接将一个设计完成的网页输出为 HTML 格式，从而既降低了工作复杂度，又提高了工作效率，如图 1-19 所示。更重要的是，使用 Photoshop CC 2017 中的"动画"面板可以制作出时下流行的 GIF 动画，以供网页制作使用。

图1-19　网页设计

### 4. UI设计

UI（User Interface，用户界面）设计也叫界面设计，是指对软件的人机交互、操作逻辑、界面美观的整体设计，如图 1-20 所示。UI 设计分为实体 UI 和虚拟 UI，互联网中的 UI 设计是虚拟 UI。UI设计是一个新兴的领域，已经受到越来越多的软件企业及开发者的重视，当前还没有用于制作界面设计的专业软件，因此绝大多数设计者使用的都是 Photoshop 软件。

### 5. 数码照片后期处理

摄影作为一项对视觉要求非常严格的工作，其最终成品往往要经过 Photoshop 的处理才能得到满意的效果，如图 1-21 所示。Photoshop 具有强大的图像修饰功能，利用这些功能可以快速修复一张破损的老照片，也可以修复人脸上的斑点等。

图1-20　UI设计

图1-21　数码照片后期处理

#### 6. 效果图后期处理

在设计建筑效果图（包括许多三维场景）时，一般只能制作出场景中的主要建筑，而一些辅助性的元素需要在 Photoshop 中添加，如植物、人物等。在 Photoshop CC 2017 中，还可以对制作完成的效果图进行色彩调整、亮度调整以及重新构图等操作。

#### 7. 绘制或处理三维贴图

在三维软件中，即使能够制作出精良的模型，如果无法为模型应用逼真的贴图，那么也难以得到较好的渲染效果。实际上，在制作材质时除了可以依靠软件本身具有的材质功能外，还可以利用 Photoshop CC 2017 制作在三维软件中无法实现的材质。在 Photoshop CC 2017 中，可以直接导入三维模型，并在模型上绘制贴图，同时进行渲染，从而得到更加真实的三维效果图。

#### 8. 动画与CG设计

使用 Photoshop CC 2017 制作人物皮肤贴图、场景贴图和各种质感的材质，不仅效果逼真，还能够节省动画渲染的时间。此外，Photoshop CC 2017 还可以用于绘制多种风格的 CG 艺术作品。

## 1.3　Photoshop CC 2017的基本操作

### 1.3.1　新建图像文件

启动 Photoshop CC 2017，在"开始"工作区单击"新建 ..."，就可以打开"新建文档"对话框，如图 1-22 所示。在其中，可以选择创建不同尺寸的新文件。曾经创建过的文件规格会被 Photoshop

记录下来，以便下次可以快速创建。如果最近使用过的图片尺寸不能满足需求，可以通过"预设详细信息"面板输入需要创建图片的尺寸、分辨率与背景内容，并设定颜色模式。在高级选项中，还可以进行颜色配置与像素长宽比的设置。

图1-22　"新建文档"对话框

## 1.3.2　图像文件的打开与保存

### 1. 打开图像文件

在 Photoshop CC 2017 中有多种打开图像文件的方法，具体方法如下。

◎ 启动 Photoshop CC 2017，在"开始"工作区展示了最近打开过的文件，可以直接选择文件打开。

◎ 启动 Photoshop CC 2017，在"开始"工作区单击"打开…"，在"打开"对话框中选择需打开的文件，如果选择同时打开多个文件，可以按住【Shift】键选择连续的文件或者按住【Ctrl】键选择几个不连续的文件，再单击下方的"打开"按钮，如图 1-23 所示。

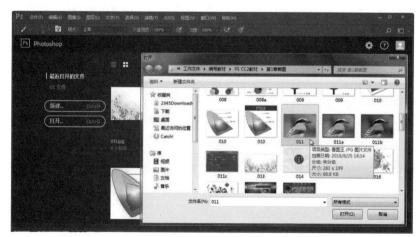

图1-23　打开文件

◎ 在图片对象上单击鼠标右键，在弹出的快捷菜单中选择"打开方式"→"Photoshop CC 2017"。

◎ 直接把图片拖到 Photoshop CC 2017 绘图区。

2. 保存文件

执行"文件"→"存储为"命令，选择存储位置、图片格式及输入文件名称，如图 1-24 所示。

用 Photoshop CC 2017 保存文件时，若此文件曾经保存过，就会按原文件名原位置进行覆盖保存；若没有被保存过或者文件格式有更改，则会默认保存格式为 PSD 格式，并让用户选择存储位置。当然，用户也可以在下拉列表中选择把文件保存为其他格式。

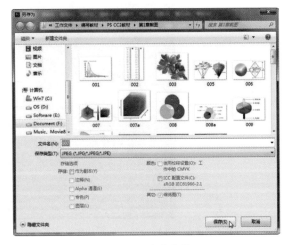

图1-24　保存文件

### 1.3.3　图像颜色模式的转换

每个图像从创建起就有颜色模式，一般在计算机上处理的彩色图像都是 RGB 颜色模式，但也有需要修改颜色模式的情况。将图像从一种模式转换为另一种模式会永久性地改变图像中的颜色值。例如，将 RGB 颜色模式转换为 CMYK 颜色模式时，CMYK 色域之外的 RGB 颜色值就会被调整落入 CMYK 色域之内。因此，转换图像颜色模式之前，最好执行以下操作。

（1）在图像原来模式下，尽可能多地完成各种编辑工作。

通常 RGB 图像可从大多数扫描仪、数码相机等设备中获得，能支持的 Photoshop 操作最多，转换为其他颜色模式后，可能会有部分功能不能使用。

（2）在转换之前保存一个备份。

为了能在转换之后编辑原来的图像，一定要保存包含所有图层的图像备份，因为被调整过的颜色是无法通过转换颜色模式还原的。例如，把图像从 RGB 颜色模式转为灰度模式，会丢失颜色信息，当变成灰度图像后，即使再次转为 RGB 图像也无法还原颜色。

（3）在转换之前拼合文件。

当模式被更改时，图层混合模式之间颜色相互作用的效果也将改变。

将图像的颜色模式转换为另一种颜色模式的操作方法如下。

◎ 选择菜单"图像"→"模式"，并从子菜单中选择需要的模式。注意，当前图像不能使用的模式在菜单中显示为灰色。

◎ 部分图像颜色模式的转换需要过渡，如 RGB 颜色模式不能直接转换为位图模式，需要先转换为"灰度"进行过渡。如图 1-25 所示，在"位图"转换方法中使用的是"扩散仿色"。

◎ 图像在进行颜色模式转换时，大部分模式都可以直接转换，也有部分模式有更多选项可以选择，不同的选项会产生不一样的效果。图 1-26 所示为改成 1 位颜色深度的 50% 阈值效果，图 1-27 所示为图案仿色效果，图 1-28 所示为半调网屏效果。

图1-25　RGB颜色模式转换为位图模式

图1-26　50%阈值效果

图1-27　图案仿色效果

图1-28　半调网屏效果

另外，图像颜色模式的更改也会影响图层，以下几种颜色模式转换会拼合文件。

① RGB 到索引颜色或多通道模式。

② CMYK 到多通道模式。

③ LAB 到多通道、位图或灰度模式。

④ 灰度到位图、索引或多通道模式。

⑤ 双色调到位图、索引或多通道模式。

# 1.4 Photoshop CC 2017的辅助工具

## 1.4.1　首选项

启动 Photoshop CC 2017 后，通过"编辑"菜单→"首选项"中的系统属性设置，可以修改工作界面的基本属性，如修改软件界面颜色、设置 Photoshop 占用内存情况等。由于可设置的内容较多，这里仅介绍常用的设置。

### 1. 修改软件界面颜色

若自定义软件界面的外观，选择"编辑"→"首选项"→"界面"→"外观"→"画板"，就可以设置整个 Photoshop CC 2017 软件界面的亮度，如图 1-29 所示。

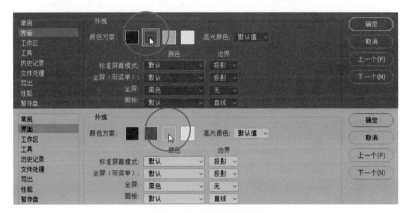

图1-29　设置软件外观

### 2. 导出图像格式

在 Photoshop CC 2017 中，除了可以将图像另存为某个图像外，还可以导出图像。例如，选择"文件"→"导出"→"导出成 Web 格式（旧版）"，就可以通过对话框选择导出的格式与效果。采用这种方式保存的 JPG 格式文件比采用一般方式保存的 JPG 格式文件占用空间更小，是网页制作的好帮手。在"首选项"对话框中可以设置图像快速导出的格式，默认格式为 PNG，如图 1-30 所示。

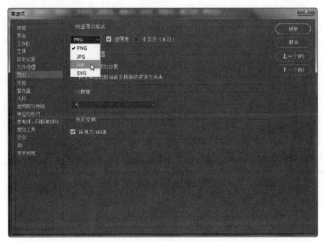

图1-30　设置导出格式

### 3. 性能控制

Photoshop 在处理大型图片时会占用较多的内存空间，在"首选项"对话框中可以控制最大内存使用量，如图 1-31 所示。在首选项中，除了可以调整内存使用量，还可以调整历史记录最大值。

图1-31　内存使用量与历史记录

### 4. 光标设定

在使用 Photoshop 绘画时,画笔的光标可以选择不同的显示方式。例如,可以使用"精确"型的光标,画笔笔尖以"十"字形式出现,优点是可以精确对齐画笔出现的位置,但缺点也很明显,即无法看到画笔覆盖的范围。如果需要两者兼顾,可以勾选"画笔笔尖显示十字线",如图 1-32 所示。

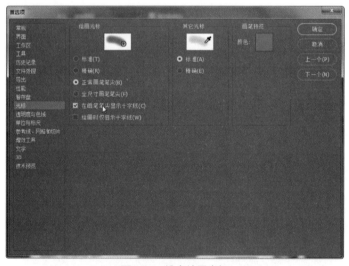

图1-32　设定绘画光标

### 5. 标尺与单位设置

当需要设计一些精确数据的图标或图像时,就要用到标尺。如果在图像窗口上方与左边没有找到标尺,用户可以通过"视图"→"标尺"来打开图像窗口的标尺。

标尺默认的单位是厘米,可方便用户设置打印效果,但是也有需要更换单位的时候。例如,网站设计中使用的图片多以像素为单位,这时候就需要在"首选项"→"单位"→"标尺"中进行设置,选择标尺单位为"像素",如图 1-33 所示。

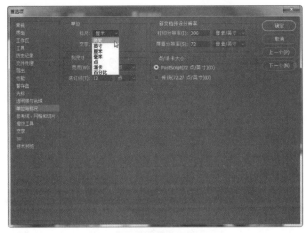

图1-33　标尺及其单位设置

### 6. 参考线、网格和切片

在 Photoshop 中,参考线与标尺经常配合使用。打开"标尺"后,直接使用"移动工具"→"标尺"并将鼠标指针往图像方向拖曳即可创建参考线。如果手工拖曳的参考线难以对齐指定的位置,可以单击"视图"→"新建参考线 ...",选择"水平"或"垂直",单击"确定"按钮,如图 1-34 所示。

图1-34　新建参考线

除了标尺,还可以通过网格作为绘图的定位参考辅助工具。

参考线、网格与切片的线条颜色可以在"首选项"中进行设置,如图 1-35 所示。

图1-35　参考线、网格和切片设置

### 1.4.2　画板

在实际工作中，Web 或 UX 设计人员需要设计适合多种设备的网站或应用程序。画板可帮助用户简化整个设计过程。它提供了一个无限画布，用户可以在此画布上进行适合不同设备和屏幕的设计。在创建画板时，用户可以预设需要的画板尺寸。

即使设计人员通常只是针对一种屏幕大小进行设计，画板也非常有用。例如，在设计网站时，可以使用画板并排查看不同页面的设计。同一个网站的页面，通过 Web 浏览器看到的应该是图 1-36（a）、图 1-36（b）图文结合的效果；但通过手机浏览看到的就应该是图 1-36（c）、图 1-36（d）所示的页面效果。

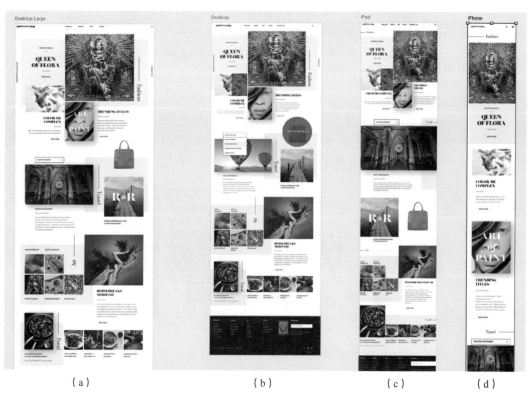

（a）　　　　　　　　　　（b）　　　　　　　（c）　　　　　（d）

图1-36　网页效果设计

那么，画板是什么？从图 1-36 中可看到，一共有 4 个尺寸不一的画板，也就是 4 个图文编辑区。读者可以将画板视为一种特殊类型的图层组。画板中所有的元素都可以显示在画板的"图层"面板中。画板可以包含图层和图层组，但不能包含其他画板。

从外观上看，画板可以充当文档中的单个画布。文档中未包含在画板中的任何图层都可在"图层"顶部进行编组，并保持未被任何画板剪切的状态。

### 1. 创建画板

在 Photoshop CC 2017 中，选择"文件"→"新建"。在"新建文档"对话框中，设置宽度值或高度值，然后选择"画板"选项，即可创建一个画板，如图 1-37 所示。

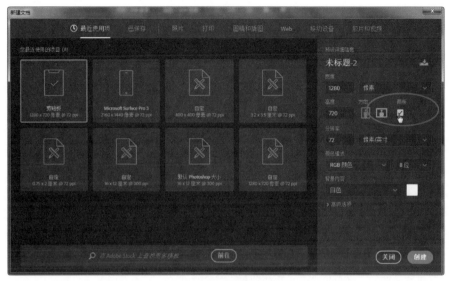

图1-37　创建画板

除了直接创建画板外，还可以在任何一张图片上使用工具箱中的"画板工具"直接绘制画板，如图 1-38 所示。按照框选内容的大小绘制画板，未被框选的部分将不会被显示出来，如图 1-39 所示。

图1-38　画板工具　　　　　　　　图1-39　使用画板工具创建画板

### 2. 快速添加画板

如果已经有了一个画板，使用画板工具选择已有的画板，单击画板上下左右任一方向的加号⊕，就可以复制和新建一个同样大小的画板。如果在复制画板时，想要把画板中的内容也复制下来，可以按住【Alt】键并单击加号⊕轻松实现，如图 1-40 所示。

4 个方向都有加号⊕，表示 4 个方向都可以新建一个画板，如果某个方向已有画板，则不会出现对应的加号⊕。

### 3. 删除画板

如果想要删除画板，只需使用画板工具选择要删除的画板，单击【Delete】键即可；同时，也可以在"图层"面板中把整个画板删除。

图1-40 复制画板及其内容

### 4. 修改画板尺寸

画板被创建后随时可以修改尺寸，使用画板工具选择画板，在上方属性栏直接输入画板的尺寸即可修改。画板的尺寸被扩展后，原来无法显示的图像信息也会显示在画板区域内，如图 1-41 所示。

图1-41 修改画板尺寸

### 5. 在画板间移动元素

在画板间移动元素，只需用移动工具将元素从一个画板拖曳到画布的另一个画板上即可；也可以选择复制该元素，并单击目标画板，按【Ctrl】+【V】组合键粘贴。

### 6. 存储或导出画板图像

在画板设计完成后，选择保存文件或者导出单个画板中的图像，并保存为 PSD 格式，则可以包含多个画板文件；如存储为 JPG 等格式，则会把所有图层合并并导出为一个包含所有图像的文件。选择"文件"→"导出"→"画板至文件"，即可单独导出其中的某一个画板为独立的文件。

### 1.4.3　裁剪工具组

裁剪是通过移去照片的部分内容，以打造焦点或加强构图效果的过程。在 Photoshop CC 2017 中，使用裁剪工具可以更改图像尺寸的大小、调整倾斜或透视变形的照片。另外，裁剪工具还提供了直观的方法，可让用户在裁剪时拉直照片。

**1. 裁剪工具**

使用裁剪工具裁切图片的步骤如下。

◆ Step 01：在工具栏中，选择裁剪工具，裁剪边界显示在图片的边缘上。
◆ Step 02：绘制新的裁剪区域，或拖曳角和边缘手柄，以指定图片中的裁剪边界，如图 1-42 所示。
◆ Step 03：（可选）使用控制栏（属性栏）指定裁剪选项。
◆ Step 04：按【Enter】键或双击鼠标左键来裁剪图片。

图1-42　裁剪图像

裁剪工具控制栏的相关属性可以设置，如图 1-43 所示。

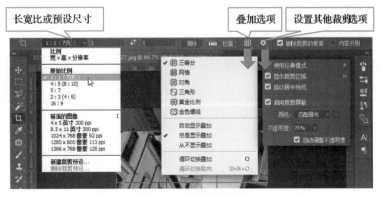

图1-43　裁剪属性设置

（1）长宽比或预设尺寸。

选择裁剪框的比例或大小或通过"新建剪裁预设"输入预设值，可以设置剪裁框的长宽比和尺寸。

（2）叠加选项。

裁剪时，可选择显示叠加参考线，可用的参考线包括三等分参考线、网格参考线和黄金比例参考线等。

（3）设置其他裁剪选项。

单击"设置"按钮 ⚙ ，可以选择其他裁剪选项。

① 使用经典模式：如果用户习惯 Photoshop 版本（CS5 和更高版本）中的裁剪工具，可以启用此选项。

② 显示裁剪区域：启用此选项以显示裁剪区域。如果禁用此选项，则仅可预览最后的区域。

③ 自动居中预览：启用此选项以便在画布的中心位置预览。

④ 启用裁剪屏蔽：使用裁剪屏蔽可将裁剪区域与色调叠加。可以指定颜色和不透明度,如果启用"自动调整不透明度"，那么当编辑裁剪边界时，可降低图片的不透明度。

（4）删除裁剪的像素。

禁用此选项以应用非破坏性裁剪，并在裁剪边界外部保留像素。非破坏性裁剪不会移去任何像素，用户可以单击图像以查看当前裁剪边界之外的区域。

启用此选项可以删除裁剪区域外部的任何像素。这些像素将丢失，并且不可再用于任何调整。

（5）内容识别。

在裁剪过程中，如果发生了旋转，照片可能会留下空白，勾选内容识别后，可以为空白区域填上与环境接近的像素，从而使图像自然美观。

> **小提示**
>
> 在"长宽比"菜单中，选取"宽 × 高 × 分辨率",则会在选项栏中显示分辨率字段，并且会自动填充宽度值和高度值，如图 1-44 所示。 
>
>
> 图1-44　宽高分辨率设置

裁剪工具的经典模式不支持在裁剪区域上使用内容识别进行填充，也没有"显示自动居中预览"和"显示裁剪区域"效果。

如图 1-46 所示，景物明显倾斜，可以使用裁剪工具中的"拉直"及"内容识别"，在裁剪区域使用内容识别进行填充。

单击控制栏中的"拉直"按钮，然后使用拉直工具绘制参考线以拉直照片。例如，沿着水平方向或某个边绘制一条线，以便拉直图像。

在图 1-45 所示的图片中，使用拉直工具沿着图片中街道的水平线绘制参考线，松开鼠标即可获得图 1-46 所示效果，勾选"内容识别"并按【Enter】键确定裁切，即可得到最终效果。

使用拉直工具，照片会被翻转和对齐，画布会自动调整大小以容纳旋转的像素，空白部分会被内容识别所填充。

图1-45 倾斜的照片

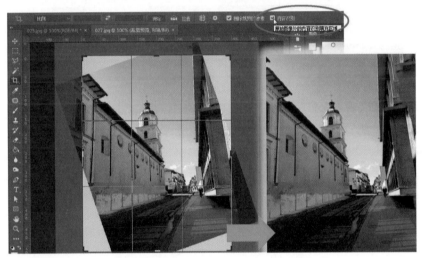

图1-46 内容识别完成效果

## 2. 透视裁剪工具

透视裁剪工具允许用户在裁剪时变换图像的透视效果。当处理包含梯形扭曲的图像时，可以使用透视裁剪工具。

当我们拍摄一般的景物时，受拍摄角度的影响，图像常常会发生扭曲。例如，如果从地面拍摄高楼的照片，则楼房顶部的边缘看起来比底部的边缘会更小一些，如图 1-47 所示。此时可使用透视裁剪工具，沿着牌坊的倾斜角度勾选图像区域。

图1-47 常见的石印扭曲选择透视裁剪工具

　　裁切对象应选取扭曲变形度不算太大的图像，这类图像修正效果较好。如果选择一座高楼（扭曲变形度大），则裁剪后图像可能仅剩半座大楼。

　　如果裁切区域超出了图像范围，如图 1-48 所示左下角，则图片裁切后就会留下相应的一个角的空缺，此处同样可以使用"编辑"→"填充"→"内容识别"进行填充。

图1-48　裁切后的效果

### 3. 切片工具

　　切片就是在 HTML 或 CSS 中，由整体图像划分而成的若干个较小的图像，这些图像可以在 Web 页上重新进行组合。通过切片划分图像，用户可以轻松地为不同的图片指定不同的 URL 链接，以创建页面导航，或对图像的每个部分进行优化。

　　用户可以使用"存储为 Web 和设备所用格式"命令导出和优化切片图像。Photoshop 可以把每个切片存储为单独的文件，并生成显示切片图像所需的 HTML 或 CSS 代码。

　　切片按照其内容类型以及创建方式可以分为 3 类：用户切片、基于图层的切片和自动切片。

　　用户使用切片工具创建的切片，称作用户切片；用户通过图层创建的切片称作基于图层的切片；当用户创建新的用户切片或基于图层的切片时，将会自动生成切片以占据图像的其余区域，这种被动产生的切片称为自动切片。

　　用户切片、基于图层的切片和自动切片的外观并不相同，用户切片和基于图层的切片由实线定义，而自动切片由虚线定义。

　　使用切片工具创建切片的步骤如下。

◆ Step 01：选择切片工具 ，任何现有切片都将自动出现在文档窗口中。

◆ Step 02：选取选项栏中的样式设置，如图 1-49 所示。

◎ 正常：在拖曳切片工具时自动划分切片的宽高比例。

◎ 固定长宽比：设置高宽比。输入整数或小数作为高宽比。例如，若要创建一个宽度是高度 2 倍的切片，则输入宽度为 2 和高度为 1。

◎ 固定大小：指定切片的高度和宽度，输入整数像素值。

图1-49　设置切片工具属性

◆ Step 03：创建切片。按住【Shift】键拖曳鼠标，可将切片限制为正方形。按住【Alt】键拖曳鼠标，可从图片中心进行切片。勾选"视图"→"对齐"，可以使新切片与参考线或图像中的另一切片对齐。

切片工具可以把一个图片分割为 5 个切片，如图 1–50 所示。

分割好切片后，可以单击"文件"→"导出"→"存储为 Web 所用格式"，如图 1–51 所示。在弹出的对话框中选择导出图像的属性，如图像格式、透明度效果等。

图1–50　切片工具的使用

图1–51　存储为Web所用格式

从图 1-51 所示的图像缩略图中可以看到，用户切片都是蓝色标签，灰色切片属于自动切片。在导出切片前，按住【Ctrl】键并单击多个要导出的切片即可导出多个切片，选好后单击"存储"。在"将优化结果存储为"对话框中，选择"选中的切片"则可导出选择的某个（或多个）切片，选择"所有用户切片"则可导出 4 个用户切片，选择"所有切片"则可导出 5 个切片，如图 1-52 所示。

图1-52　导出所有切片

通过这种优化方式导出的图像一般占用空间较小，非常适用于网页。

### 4. 切片选择工具

"切片选择工具"主要用于选择和移动切片。值得注意的是，通过切片选择工具移动后的切片会形成新的切片与自动切片，如图 1-53 所示。

图1-53　切片选择工具

如果不希望切片被移动，可以选择"视图"→"锁定切片"。另外，如果想要清除切片信息，同样可以单击"视图"→"清除切片"。

### 1.4.4　辅助工具组

Photoshop CC 2017 还有一组绘图工具以外的辅助工具，可以帮助用户对图像进行测量和控制。图 1-54 所示为测量工具组，其中的工具各有用途。

图1-54　测量工具组

#### 1. 吸管工具

吸管工具可以选取图像中某个位置的颜色，并把它设置为前景色，以便后续绘图使用。使用方法：用吸管工具单击图像中的颜色区，即可把选中的像素点的颜色设置为前景色。

使用吸管工具时，打开信息面板，还可把当前吸管工具所指位置的颜色 RGB 值显示出来。除了可以使用默认的"取样点"方式外，还可以选择"3×3 平均""5×5 平均"等取样范围，以保证选取的颜色是该区域颜色的平均值，从而提高颜色选择的精确度，如图 1-55 所示。

另外，样本也可以选择"所有图层""当前图层"等选项。

图1-55　吸管工具

由于吸管工具在绘制图像取色时很常用，因此在使用画笔工具绘图时，可以按住【Alt】键切换到吸管工具，取色成功后松开按钮，再使用画笔工具继续绘画，这种方法在画图时很方便。

#### 2. 3D材质吸管工具

3D 材质吸管工具是对 3D 对象使用的，直接用吸管选取 3D 对象的材质可以快速地进行材质替换。创建简单的 3D 对象并使用 3D 材质吸管工具对它的材质进行设置，步骤如下。

◆ Step 01：新建 600 像素 ×400 像素的空白图像。

◆ Step 02：使用"横排文字工具"输入"NEW"，字体为"Copperplate Gothic Bold"，字号为"150 点"。

◆ Step 03：选择文字图层"NEW"，单击"文字"→"创建 3D 文字"，打开对应的 3D 面板。使用移动工具拖曳文字对象，改变观察角度，令文字倾斜，如图 1-56 所示。

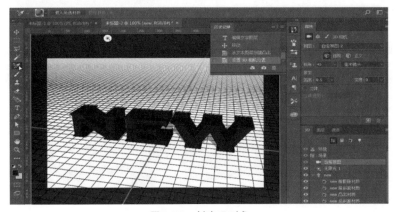

图1-56　创建3D对象

◆ Step 04：使用"材质吸管工具"单击 3D 文字的正面，会自动选择 3D 面板的"new 前膨胀材质"，如图 1-57 所示。

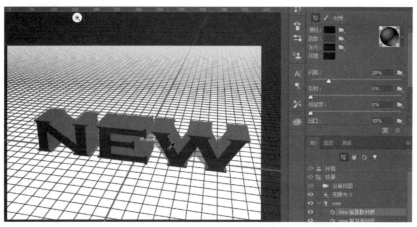

图1-57　使用"材质吸管工具"

◆ Step 05：打开"材质拾色器"，在材质中选择"红木"，3D 文字中的前方材质便被填充上红木效果，如图 1-58 所示。

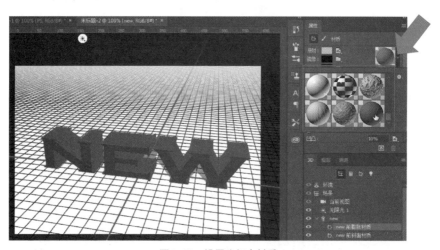

图1-58　设置为红木材质

◆ Step 06：用同样的方法，使用"材质拾色器"，选择文字侧面的材质，换上"软木"材质，最终效果如图 1-59 所示。

图1-59　3D文字最终效果

### 3. 颜色取样器工具

由于颜色的 RGB 编码在多款软件中通用，因此颜色取样器工具在网页设计中十分常用，可用于记录图像中选定点的 RGB 数值。

在 Photoshop CC 2017 中，一个图像最多可定义 10 个取样点，这些 RGB 颜色信息将被记录和保存在信息面板中，如图 1-60 所示。如需删除某个记录点，可以按住【Alt】键，并把鼠标移动到记录点上，当鼠标变成剪刀图案时单击左键即可。

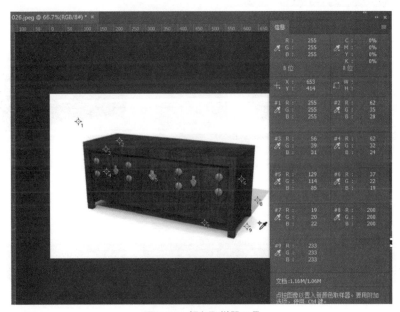

图1-60　颜色取样器工具

### 4. 标尺工具

在商业制图中，经常会出现需要按比例绘制的图像，标尺工具就可以灵活地度量两点间的距离，在信息面板中显示角度（A）、长度（L）等信息，如图 1-61 所示。标尺工具每次只能拉出一根标尺线段，用鼠标再次绘制线段时，上一次绘制的线段就会消失。绘制线段后，也可以使用"清除"命令删除标尺。

图1-61　标尺工具

使用标尺绘制出线段后，还可以使用属性栏中的"拉直图层"命令。该命令结合了旋转画布和裁切的功能，可以根据标尺线段调整整个图像，使标尺绘制的直线变成水平或垂直效果。如图 1-62 所示，对家具图像进行水平拉直。

图1-62　家具图像拉直

## 5. 注释工具

在 Photoshop 画布上的任何位置，都可以添加文字注释。当使用注释工具创建文字注释时，将会自动打开注释面板供用户输入注释文字，属性栏上则会出现与文字注释相关的内容，如图 1-63 所示。

图1-63　注释工具属性

在"作者"栏中输入作者姓名，作者姓名将出现在注释窗口的标题栏中。在"颜色"中，可选择注释图标的颜色效果。

将鼠标指针移到图像窗口上，单击要放置注释的位置，该位置就会出现一个注释图标，单击这个注释图标即可在注释面板查看到注释文字，如图 1-64 所示。

图1-64　添加注释

如果要删除注释，可以选中注释后按【Delete】键删除，或者在注释面板中单击"删除注释"按钮。

#### 6. 计数工具

计数工具一般用于标注图像中的对象数量，如用计数工具单击需要标记的图案即可产生数字标签，如图 1-65 所示。如果要删除数字标签，只需按【Alt】键，将鼠标指针移动到已有的数字标签上方，当鼠标指针从"+1"变成"-1"时，单击鼠标左键即可删除数字标签。

图1-65　计数工具

除了测量工具组外，下面再介绍几个常用的辅助工具。

#### 1. 缩放工具

缩放工具可以起到放大或缩小图像的作用。在工具箱中选择缩放工具 时，鼠标指针在图像内显示为一个带加号的放大镜，单击图像即可实现图像的成倍放大；而按住【Alt】键使用缩放工具时，鼠标指针显示为一带减号的缩小镜，单击图像即可实现图像的成倍缩小。也可使用缩放工具在图像内圈出部分区域，以实现放大或缩小指定区域的操作。

小提示　　　　在工具箱中双击缩放工具按钮，可使图像按实际尺寸（实际像素或 100% 显示比例）显示。

如图 1-66 所示，在缩放工具的选项栏中，允许用户选定一个重设窗口尺寸的工具"调整窗口大小以满屏显示"。当这个工具被选中时，每次使用缩放工具改变图像显示比例，都会重新设定窗口的大小，也就是说窗口尺寸会跟着变化；当关闭这一工具并使用缩放命令时，窗口的尺寸不变。

图1-66　缩放工具属性

#### 2. 抓手工具

当图像的显示比例较大时，图像窗口不能完全显示整幅图像，就可以使用抓手工具拖动图像，以卷动窗口来显示图像的不同部位。当然，也可以通过窗口右侧及下方的滑轨和滑块来移动图像的显示内容。在工具箱中双击抓手工具，可使图像按全屏的方式显示。

如果在使用其他绘图工具的时候，需要用抓手工具调整图像位置，可以按住【Backspace】键切换到此工具，进行图像位置调整。松开【Backspace】键后，会自动回到原来使用的工具。

### 3. 旋转视图工具

使用旋转视图工具可以在不破坏图像的情况下旋转画布，这样不会使图像变形。旋转画布在很多情况下都很有用，能使绘画更加省事。

具体操作步骤如下。

◆ Step 01：在工具箱中，选择旋转视图工具，如图 1-67 所示（如果该工具未显示，请选择并按住抓手工具）。

◆ Step 02：执行下列任一操作。

◎ 在图像中拖曳鼠标指针。无论当前画布是什么角度，图像中的罗盘都将指向北方。

◎ 在选项栏的"旋转角度"字段中输入角度。

◎ 单击"设置旋转角度"按钮，设置图像的旋转角度。

◆ Step 03：要将画布恢复到原始角度，则单击"复位视图"按钮。

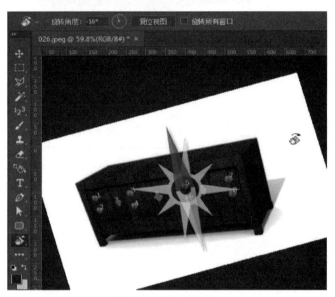

图1-67　旋转视图工具

## 1.5 知识能力测试

### 一、选择题

1. 关于 RGB 正确的描述是（　　　）。

　　A. 色光三元色　　　　　　　B. 印刷用色　　　　　　C. 一种专色　　　D. 网页用色

2. 在 Photoshop 工具箱的工具中有黑色向右的小三角符号，表示（　　　）。

　　A. 有下级子菜单　　　　　　　　　　　　B. 能点出对话框

　　C. 有并列的工具　　　　　　　　　　　　D. 该工具有特殊作用

3. 下列方法中不能打开一个图形文件的是（　　　）。

　　A. 按住【Ctrl】+【O】组合键　　　　　　　B. 双击工作区域

C．直接从外部拖动一幅图片到 Photoshop 界面中　　D．按住【Ctrl】+【N】组合键

4．图像分辨率的单位是（　　）。

A．DPI　　　　　　　　　　B．PPI　　　　　　　　　C．DOT　　　　　D．PIXET

5．在 Photoshop 中使用各种绘图工具时，（　　）可以暂时切换到吸管工具。

A．按住【Alt】组合键　　　　　　　　　　B．按住【Ctrl】组合键

C．按住【Shift】组合键　　　　　　　　　D．按住【Tab】组合键

6．在 Photoshop 中允许一个图像显示的最大比例范围是（　　）。

A．100.00%　　　　　　　B．200.00%　　　　　　　C．600.00%　　　D．1600.00%

7．在 Photoshop 的默认状态下，历史记录有（　　）条。

A．15　　　　　　　　　　B．20　　　　　　　　　　C．25　　　　　　D．30

8．下列（　　）分辨率适用于书面打印。

A．72DPI　　　　　　　　B．144DPI　　　　　　　　C．150DPI　　　D．300DPI

二、操作题

1．启动 Photoshop，在其工作界面中认识工具箱，并将鼠标指针移至每一个工具图标上稍停几秒钟，将弹出的提示框中每个工具的名称写出来。

2．启动 Photoshop，在其工作界面中认识各种功能面板，并将 4 组面板关闭，然后打开。

3．Photoshop 的工具箱中提供了 3 种显示方式，切换这 3 种显示方式查看图像。

4．把分辨率为 72PPI 的图像设置为分辨率为 300PPI 的图像，要求像素的大小不变。

5．创建一个名为"a"的新文件并使其满足下列要求。

长度为 30 厘米，宽度为 20 厘米，分辨率为 72PPI，模式为 RGB，8 位通道，背景内容为白色。

6．使用两种方法打开一个图像文件，并在其中加入文字注释："欢迎观看"。

7．打开一个图像文件，在状态栏中观察其显示比例，并将显示比例更改为 100%。

8．打开一个图像文件，将其模式转换为灰度模式。

9．打开"003.jpg"，如图 1-68 所示。使用"图像大小"和"画布大小"命令将图片裁切为 400 像素 ×400 像素的图片，如图 1-69 所示。

图1-68　打开原图

图1-69　修改尺寸结果

Photoshop CC

Chapter

**2**

## 第2章
## 图像选区的创建与编辑

图像选区的创建是 Photoshop 操作的基础，不管是艺术创作，还是图像合成，都离不开这一操作。创建选区能够实现对特定区域的精确编辑，从而完善设计效果。因此制作精确的选区是贯穿 Photoshop 图像处理始终的重要任务，没有完美的选区，就没有完美的特效。

## 2.1 创建图像选区

图像选区是指在图像中选择的区域，即可以进行编辑操作的区域。图像选区处于显示状态时，表现为浮动虚线组成的封闭区域。当操作文件窗口中存在选区时，用户进行的编辑或操作都只会影响选区内的图像，而对选区外的图像无任何影响。

根据创建图像选区的形状，可将选区分为规则选区和不规则选区两类。其适用的工具如下。

### 2.1.1 规则选区工具

创建规则选区可以使用工具箱中的选框工具，即矩形选框工具、椭圆选框工具、单行选框工具、单列选框工具。这些选框工具主要用于创建矩形、椭圆、单行、单列选区，如图 2-1 所示。

矩形选框工具和椭圆选框工具主要用于创建较为规则的选区，而单行选框工具和单列选框工具主要用来创建直线选区。

（1）矩形选框工具。

使用矩形选框工具可以绘制矩形选区，具体操作是在工具箱中选择矩形选框工具，将鼠标指针移动到需要绘制矩形选区的位置，按住鼠标左键拖动矩形选框

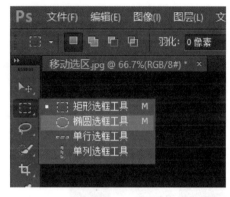

图2-1 选框工具

工具进行绘制，如图 2-2 所示。如果图像中已经存在选区，按【Shift】键再拖动矩形选框工具就可以向已有选区添加选区，如图 2-3 所示；按【Alt】键则可以从已有选区中减去选区，如图 2-4 所示。

当图像选区创建完成后，如果想取消选区，只需按【Ctrl】+【D】组合键或执行"选择"菜单→"取消选择"命令即可。

图2-2 绘制矩形选区

图2-3 添加到选区

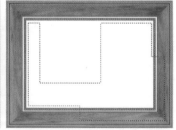

图2-4 从已有选区中减去选区

在工具箱中单击矩形选框工具，属性栏中就会显示它的相关选项，如图 2-5 所示。

图2-5 选框工具属性栏

矩形选框工具的属性栏说明如下。

◎ 新选区按钮：单击此按钮可以创建新选区，如果原来的工作区域中已有选区，则会去掉原来的选区区域；在选区外单击，则会取消选择。

◎ 添加到选区按钮：单击此按钮可以创建新选区，也可以在原来选区的基础上添加新选区，将原选区和新选区区域相加，并为一个新选区。

◎ 从选区中减去按钮：单击此按钮可以创建新选区，也可以在原来选区的基础上减去绘制的选区部分。

◎ 与选区交叉按钮：单击此按钮可以创建新选区，也可以创建与原来选区相交的选区，相交部分即作为新选区。

◎ 羽化：羽化选区可以模糊选区边缘的像素，产生过渡效果。羽化宽度越大，则选区的边缘就越模糊，选区的直角部分也就越圆滑，这种模糊会使选定范围边缘的一些细节丢失，羽化的范围是 0 ~ 250px。

小提示　　应先设置羽化值再绘制选区。如果先绘制选区，要想对选区进行羽化，就要单击"选择"→"修改"→"羽化"设置羽化值。

◎ 样式：在样式下拉列表中可选择选区所需的样式，如图2-6所示。此选项用于设置选区的形状。

图2-6　选框工具属性栏中的样式

"正常"选项表示可以创建不同大小和形状的选区，为 Photoshop 默认的方式，也是常用的方式。选择这种方式，可以拖曳出任意大小的矩形选区。

"固定比例"选项可以设置选区宽度和高度的比例。选择这种方式，则"样式"后的选项将由不可用状态变为可用状态，在其文本框中输入所需的数值即可设置矩形选区的比例。

"固定大小"选项表示锁定选区的长宽比例及选区大小。在右侧的文本框中输入数值，在界面中单击鼠标即可得到一个固定大小的矩形选区。

◎ 调整边缘按钮：单击该按钮，将弹出"调整边缘"对话框，在其中可以设置相应参数。

小提示　　矩形选框工具和椭圆选框工具的操作方法相同。在绘制新选区时，按【Shift】键可以创建正方形选区或圆形选区，按【Alt】键可以创建以起点为中心的选区，按【Shift】+【Alt】组合键可以创建以起点为中心的正方形或圆形选区。

（2）单行、单列选框工具。

选择单行、单列选框工具后，在画布中直接单击鼠标，即可创建宽度为 1 像素的行或列选区。

## 2.1.2　不规则选区工具

当背景色比较单一且与选择对象的颜色存在较大反差时，就可以使用磁性套索工具、魔棒工具、快速选择工具等不规则选区工具。在使用过程中，要注意在拐角及边缘不明显处手动添加一些节点，这样就能快速将图像选中。

不规则选区工具分为两组：一组是套索工具、多边形套索工具、磁性套索工具，可以创建不规则的多边形选区；另一组是快速选择工具、魔棒工具，可创建与图像颜色相同或相近的像素选区。

（1）套索工具。

套索工具以手绘的方式创建选区范围，即通过拖曳鼠标指针创建选区范围。操作方法是先在图像中创建选区的起点，然后按住鼠标左键沿着需要的轨迹拖曳，直到回到起点再释放左键，如图 2-7 所示。该工具主要应用于对选取精度要求不高的操作。

在工具箱中单击套索工具，属性栏中就会显示它的相关选项，如图 2-8 所示。其中的选项与矩形选框工具中的选项相同，作用与用法也一样，这里不再赘述。

图2-7　使用套索工具创建的选区

图2-8　套索工具属性栏

（2）多边形套索工具。

多边形套索工具通过绘制多条连接的直线段，最终闭合线段区域创建出选区范围，如图 2-9 所示。该工具适用于对精度有一定要求，且要选取的区域边缘为直线的对象的操作，创建的选区非常精确。

图2-9　使用多边形套索工具创建的选区

小提示　　　运用多边形套索工具创建选区时，在按住【Shift】键的同时单击鼠标左键，可以沿着水平、垂直或 45° 方向创建选区。在运用套索工具或多边形套索工具时，按【Alt】键可以在两个工具之间进行切换。

（3）磁性套索工具。

磁性套索工具通过画面中的颜色对比自动识别对象的边缘，绘制出由连接点形成的连接线段，最终闭合线段区域创建出选区范围。该工具适用于选取背景对比强烈的且边缘复杂的对象。如图 2-10 所示，先在图像中创建选区的起点，然后沿着荷花的边缘移动鼠标，这时就会出现一条带锚点的细线自动吸附到荷花边缘。

图2-10　使用磁性套索工具创建的选区

小提示　　　　运用磁性套索工具自动创建边界选区时，按【Delete】键可以删除上一个节点和线段。若选择的边框没有贴近被选图像的边缘，则可以在选区上单击鼠标左键，手动添加一个节点，然后调整至合适的位置。

在磁性套索工具的属性栏中，除了有套索工具的属性外，还有宽度、对比度等参数。

◎　宽度：用于设置与边的距离，以区分路径，取值范围为 1 ~ 40 像素。

◎　对比度：用于设置边缘的对比度，以区分路径，数字范围为 1% ~ 100%，从而定义磁性套索工具对边缘的敏感程度。如果输入较大的数字，磁性套索工具就只能检索到那些和背景对比度非常高的物体边缘；如果输入较小的数字，就可检索到对比度低的物体边缘。

◎　频率：用于设置锚点添加到路径中的密度，取值范围为 0 ~ 100，值越大，产生的锚点就越多。

◎　套索宽度：用于设置绘图板的笔刷压力，单击它套索的宽度会变细。

对于图像中边缘不明显的物体，可设定较小的套索宽度和对比度，这样选择的范围会比较准确。通常来讲，设定较小的"宽度"和较高的"边对比度"，会得到较准确的选择范围；反之，设定较大的"宽度"和较低的"边对比度"，得到的选择范围会比较粗糙。

（4）快速选择工具。

快速选择工具属于颜色选择工具，移动鼠标就能够快速地选择多个颜色相似的区域，相当于在按

图2-11　使用快速选择工具创建的选区

住【Shift】键或【Alt】键的同时不断使用魔棒工具单击。具体来说，可以调整画笔的笔触、硬度和间距等参数，快速单击或拖动鼠标创建选区。拖动时，选区会向外扩展，并自动查找和跟随图像中定义的边缘。快速选择工具在运用过程中，由于一些处理对象边缘区域的颜色接近背景，容易误选而使创建的选区过大或过小，这时就要配合快速选择工具属性栏中的"添加到选区""从选区中减去"按钮和调整笔头大小进行微处理。使用快速选择工具创建的选区如图 2-11 所示。

（5）魔棒工具。

魔棒工具是根据图像的饱和度、色度或亮度等信息来创建对象选取范围的，不必跟随其轮廓创建与图像颜色相近或相同的像素选区。用户可以通过调整容差值来控制选区的精确度。容差值可以在属性栏中进行设置，较低的容差值会使魔棒选取与所点按的像素非常相似的颜色，而较高的容差值则会选取更宽的色彩范围。另外，属性栏还提供了一些其他参数可供设置，以便用户灵活地创建自定义选区。如果选中"连续的"，则容差范围内的所有相邻像素都会被选中。如果选中"用于所有图层"，那么魔棒工具将在所有可见图层中选择颜色，否则只在当前图层中选择颜色。

魔棒工具的属性设置如下。

◎ 图标按钮 ：这 4 个按钮依次为新选区、添加到选区、从选区减去以及与选区交叉。

◎ 容差：确定选定像素相似点的差异。以像素为单位输入一个值，范围为 0 ~ 255。如果值较低，则会选择与所单击像素非常相似的少数几种颜色；如果值较高，则会选择范围更广的颜色。

◎ 消除锯齿：创建边缘较平滑的选区。

◎ 连续：只选择使用相同颜色的邻近区域；否则，将会选择整个图像中使用相同颜色的所有像素。

◎ 对所有图层取样：使用所有可见图层中的数据选择颜色；否则，将只从现有图层中选择颜色。

小提示　魔棒工具不能在位图模式的图像或 32 位 / 通道的图像上使用。

（6）创建选区。

打开素材，选择工具箱中的魔棒工具，在属性栏中设置容差为"40"，然后在画布中背景为蓝色的区域单击鼠标，这样单击处及周围颜色在容差范围内的区域将被选中，效果如图 2-12 所示。如果我们最终目的是选取素材中的老鹰，那么只需对创建好的选区进行一次反选操作，即单击"选择"→"反选"命令，效果如图 2-13 所示。

图2-12　选中天空区域　　　　　　　　　图2-13　选中老鹰区域

### 2.1.3　运用命令创建随意选区

复杂不规则选区指的是随意性很强、不局限于几何形状内的选区。它可以是任意创建的选区，也可以是通过计算机得到的单个或多个选区。

运用命令创建随意选区的方法有两种：使用"色彩范围"命令创建选区和使用"选择"菜单命令

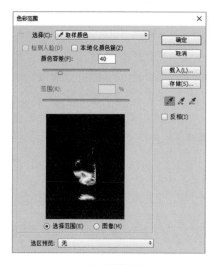

图2-14　"色彩范围"对话框

创建选区。

1. 使用"色彩范围"命令创建选区。

"色彩范围"命令创建选区是根据选取色彩的相似程度，在图像中提取相似的色彩区域而生成选区。

使用"色彩范围"命令创建选区的具体步骤如下。

◆ Step 01：打开素材，单击"选择"→"色彩范围"命令，弹出"色彩范围"对话框，如图2-14所示。

◆ Step 02：在弹出的对话框中设置颜色容差为"45"，此时鼠标指针变为"吸管"形状，将其移到图像窗口中，单击衣服以吸取颜色。

◆ Step 03：在对话框中单击"选择范围"单选钮，并在"选区预览"下拉列表中选择"白色杂边"选项，在图像中反复单击衣服的其他位置以增加取样颜色，效果如图2-15所示。

◆ Step 04：单击"确定"按钮，即完成选区的创建，如图2-16所示。

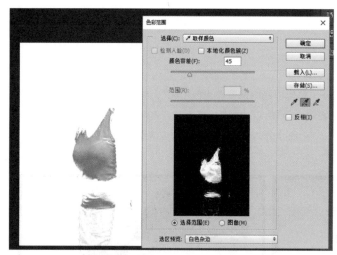

图2-15　使用"色彩范围"命令选取效果

图2-16　使用"色彩范围"命令创建选区

2. 使用"选择"菜单命令创建选区

单击"选择"→"全部"命令，可选择整个图像。在编辑图像的过程中，若图像的元素过多或者需要对整个图像进行调整，就可以使用"全部"命令来完成。使用此命令创建选区可达到意想不到的效果，其具体操作步骤如下。

◆ Step 01：打开素材，如图2-17所示。

◆ Step 02：在选区工具箱中选择矩形选区工具。

◆ Step 03：在图像编辑窗口创建一个矩形选区。

◆ Step 04：单击"图像"→"调整"→"反相"命令（按【Ctrl】+【I】组合键）。

◆ Step 05：单击"选择"→"全部"命令（按【Ctrl】+【A】组合键）。

◆ Step 06：单击"图像"→"调整"→"反相"命令，可查看图像全选状态，最终效果如图
2-18 所示。

图2-17　使用"选择"菜单命令创建选区的素材

图2-18　使用"选择"菜单命令创建选区最终效果

### 3. 使用"扩大选取"和"选取相似"命令创建选区

"选择"菜单中的"扩大选取"和"选取相似"命令，都是用来扩大选择范围的。和魔棒工具一样，它们会根据像素的颜色近似程度来增加选择范围。选择范围的大小是由"容差"来控制的，同样可在魔棒工具选项栏中设置。

这两个命令的使用方法就是先确定小块选区，再从"选择"菜单中选择"扩大选取"和"选取相似"命令。二者的不同之处在于，"扩大选取"命令只作用于图像中相邻的像素，而"选取相似"命令则针对的是图像中所有颜色相近的像素。

### 4. 使用"快速蒙版"模式创建选区

"快速蒙版"模式是另一种快捷有效地创建选区的方法。我们可以将任何选区作为蒙版进行编辑，而无须使用"通道"调板。在工具箱中，双击"快速蒙版"模式按钮 ▣，弹出"快速蒙版选项"对话框，如图 2-19 所示。

◎ "被蒙版区域 (M)"：可使被蒙版区域显示为黑色（不透明），使选中区域显示为白色（透明）。因此，用黑色绘画可扩大被蒙版区域，用白色绘画可扩大选中区域。使用该选项时，工具箱中的"快速蒙版"按钮显示为白色背景上的灰圆圈 ▣ 。

图2-19　"快速蒙版选项"对话框

◎ "所选区域 (S)"：可使被蒙版区域显示为白色（透明），
使选中区域显示为黑色（不透明）。因此，用白色绘画可扩大被蒙版区域，用黑色绘画可扩大选中区域。使用该选项时，工具箱中的"快速蒙版"按钮显示为灰色背景上的白圆圈 ▣ 。

◎ "颜色"和"不透明度（O）"：这两个选项的设置都只会影响蒙版的外观，对蒙版下面的区域没有影响。更改这两项设置能使蒙版与图像中的颜色对比更加鲜明，从而具有更强的可视性。

使用"快速蒙版"模式创建选区的具体步骤如下。

◆ Step 01：打开素材，如图 2-20 所示。

◆ Step 02：在工具箱中双击"快速蒙版"模式按钮。在弹出的"快速蒙版选项"对话框中单击"所

选区域 (S)"单选按钮，其他设置不变，然后单击"确定"按钮。

◆ Step 03：在工具箱中选择画笔工具 ![画笔工具 B]，并在画笔工具属性栏中设置画笔大小，然后在人物脸上进行涂抹，涂抹过度的部分可使用"橡皮擦工具"擦除，如图 2-21 所示。

◆ Step 04：单击工具箱中快速蒙版的"以标准模式编辑"按钮 ![], 即可完成选区的创建，最终效果如图 2-22 所示。

图2-20  使用"快速蒙版"模式　　　图2-21  使用"快速蒙版"模式　　　图2-22  使用"快速蒙版"
　　　创建选区的素材　　　　　　　　创建选区涂抹效果　　　　　　模式创建选区最终效果

# 2.2 编辑图像选区

通常在绘制选区时，为了使绘制的选区更加准确，还需要进行多次修改。在修改过程中，可使用的编辑命令包括全选、取消选区、移动选区、修改选区、自由变换选区等。下面介绍其中的一些命令。

## 2.2.1 移动选区

如图 2-23 所示，创建的选区并没有选中时钟，这时就需要对选区进行移动操作。使用任意创建选区工具创建选区后，先单击选项栏中的"新选区"按钮，再将鼠标指针移动到选区中，当鼠标指针变成白色空心箭头时，拖动鼠标即可移动选区，移动后的效果如图 2-24 所示。

除了移动选区之外，有时还需要复制选区内的对象到新的位置，那么就需要使用"移动"工具，并按【Alt】键。当鼠标指针显示为双箭头时，就可以移动并复制选区内的图像，效果如图 2-25 所示。

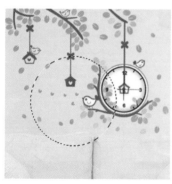  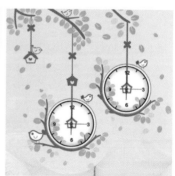

图2-23  创建的圆形选区　　　　图2-24  移动选区后的效果　　　　图2-25  复制选区内时钟的效果
　　　没有选中时钟的效果

### 2.2.2　修改选区

创建好选区之后，可以对选区进行很多操作，修改选区就是其中一种。比如可以按特定的像素扩展或收缩选区。对选区的修改，主要包括边界选区、平滑选区、扩展/收缩选区和羽化选区等。

**1. 边界选区**

使用"边界"命令可以得到有一定羽化度的选区，因此在进行填充、描边等操作后可得到柔边效果的图像。注意"边界选区"对话框中的"宽度"值不能设置得太大，否则会出现明显的马赛克边缘效果。其具体的操作步骤如下。

◆ Step 01：打开素材文件"边界选区 .jpg"，使用矩形选框工具绘制出一个矩形选区，效果如图 2-26 所示。

◆ Step 02：单击"选择"→"修改"→"边界"命令，在弹出的"边界选区"对话框中，设置宽度为 80 像素，效果如图 2-27 所示。

图2-26　使用矩形选框工具创建的选区

图2-27　边界选区效果

**2. 平滑选区**

使用魔棒工具对选区进行操作时，得到的选区边缘往往呈现出很明显的锯齿状，或者会在图像中生成很多非常小的选区，使用"平滑"命令可以使选区更光滑。其具体操作步骤如下。

◆ Step 01：打开素材文件"平滑选区 .jpg"，使用魔棒工具绘制出一个选区，效果如图 2-28 所示。

◆ Step 02：单击"选择"→"修改"→"平滑"命令，在弹出的"平滑选区"对话框中，设置取样半径为 20 像素，效果如图 2-29 所示。

图2-28　使用魔棒工具创建的选区

图2-29　设置平滑选区的效果

#### 3. 扩展/收缩选区

单击"选择"→"修改"→"扩展"命令，在弹出的"扩展选区"对话框中设置"扩展量"可以扩大当前选区，输入的数值越大，选区就被扩展得越大，此处允许输入的值为 1 ~ 100。使用收缩命令，会得到相反的结果。

#### 4. 羽化选区

羽化选区可以使选区的边缘呈现出柔和的淡化效果，产生一个渐变过渡。

图2-30　"调整边缘"对话框

#### 5. 调整边缘

使用"调整边缘"命令可以对现有的选区进行深入的修改，从而得到更为精确的选区。Photoshop CC 中有一个神奇的去背景功能，那就是利用选取范围的"调整边缘"将背景去掉。"调整边缘"命令除了可以快速完成去背景操作外，还可以修正白边以及使边缘平滑化，使去背景变得更加轻松。

首先创建选区，然后单击"选择"→"调整边缘"命令，或在工具属性栏中单击"调整边缘"按钮，弹出"调整边缘"对话框，如图 2-30 所示。

"调整边缘"对话框中各主要选项的含义如下。

◎ 视图：此下拉列表中有 7 种不同的效果，它为用户在不同的图像背景和色彩环境下编辑图像提供了视觉上的便利。

◎ 半径：可以微调选区与图像边缘之间的距离，输入的数值越大，则选区就会越精确地靠近图像边缘。

◎ 平滑：用于减小选区边界中的不规则区域，以创建更加平滑的轮廓。

◎ 羽化：与"羽化"命令的功能基本相同，都是用于柔化选区边缘的。

◎ 对比度：可以锐化选区边缘并去除模糊的不自然感。

◎ 移动边缘：负值用于收缩选区边界，正值用于扩大选区边界。

### 2.2.3　自由变换选区

使用"变换选区"命令可以直接改变选区的形状，而不会改变选区的内容。变换选区的具体操作步骤如下。

◆ Step 01：打开素材文件"变换选区 .jpg"，使用套索工具中的多边形套索工具，在素材背景中绘制一个五角星选区，并填充颜色。

◆ Step 02：将五角星选区移动到其他需要绘制五角星的区域，单击鼠标右键，在弹出的快捷菜单中选择"变换选区"，或者在"选择"菜单中选择"变换选区"命令，这时选区周围出现一个带有控制手柄的变换框，如图 2-31 所示。

◆ Step 03：单击鼠标左键拖曳变换框中的控制手柄，可调整选区的大小。注意要将鼠标指针放在变换框的 4 个角点上，当鼠标指针变成弯曲的双箭头时转动选区的方向，调整完成后按【Enter】键确定。重复 Step 02、Step 03 步骤，为素材背景添加不同颜色的星星，最终效果如图 2-32 所示。

图2-31　创建五角星选区

图2-32　最终效果

### 2.2.4　选区的保存与载入

使用 Photoshop 对图像进行编辑的过程中，可能需要多次重复使用同一选区，此时可以对该选区进行保存，需要时还可直接载入选区。保存选区的具体操作步骤如下。

◆ Step 01：打开素材文件"选区载入 .jpg"，创建选区，效果如图 2-33 所示。

图2-33　创建选区

◆ Step 02：单击"选择"→"存储选区"命令，弹出"存储选区"对话框，如图 2-34 所示。在该对话框中设置选区要保存的文件名为"保存选区 1"，创建通道方式为"新建"、操作设置为"新建通道"。单击"确定"按钮，即可保存选区。

◆ Step 03：打开"通道"面板，即可看到上一步保存的通道，如图 2-35 所示。

图2-34　"存储选区"对话框

图2-35　"通道"面板

载入选区的具体操作步骤如下。

◆ Step 01：取消上面操作的选区（按【Ctrl】+【D】组合键），单击"选择"→"载入选区"命令，
弹出"载入选区"对话框，在"通道"下拉列表中选择通道名称，这里选择存储选区
时的名称，如图 2-36 所示。

◆ Step 02：单击"确定"按钮，此时已成功地在图像中载入选区，如图 2-37 所示。

图2-36　"载入选区"对话框　　　　　　　　　　图2-37　载入选区

## 2.3　应用选区

在 Photoshop 中创建及编辑图像选区，目的是使用选区对图像进行编辑，也就是限定编辑的范围。
下面介绍如何应用选区。

### 2.3.1　移动选区内的图像

移动选区内的图像这一操作除了可以用来调整选区图像的位置外，还可以用于在图像编辑窗口之
间复制图层或选取图像。当在背景图层中移动选区内的图像时，移动后留下的空白区域将以背景色填充；
当在普通图层中移动选区内的图像时，移动后留下的空白区域将变为透明，从而能显示下方图层的图像。

移动选区内图像的具体操作步骤如下。

◆ Step 01：打开素材文件"移动图像 .jpg"，创建选区，并框选金鱼图像，如图 2-38 所示。

◆ Step 02：在按住【Ctrl】键的同时拖曳选区，即可移动选区内的图像，如图 2-39 所示。

图2-38　移动选区内的图像素材　　　　　　　　图2-39　移动选区内的图像效果

### 2.3.2　清除选区内的图像

要清除选区内的图像，可以使用"清除"命令。如果在背景图层中清除选区内的图像，将会在清除的图像区域填充背景色；如果在其他图层中清除选区内的图像，将得到透明区域。清除选区内图像的具体操作步骤如下。

◆ Step 01：打开素材文件"清除选区内图像.jpg"，创建如图 2-40 所示的选区。

◆ Step 02：单击"选择"→"反相"命令，效果如图 2-41 所示。

◆ Step 03：单击"选择"→"修改"→"羽化"命令，弹出"羽化选区"对话框，设置羽化半径为 20 像素，然后单击"确定"按钮。

◆ Step 04：设置前景颜色为（R:220，G:238，B:240），然后按【Delete】键，弹出"填充"对话框，如图 2-42 所示。在"内容"下拉列表中选择"前景色"，单击"确定"按钮，此时即清除选区内的图像，并以前景色进行填充，如图 2-43 所示。

图2-40　清除选区内的图像素材

图2-41　清除选区内的图像反选效果

图2-42　"填充"对话框

图2-43　清除选区内的图像效果

### 2.3.3 描边选区

有时创建选区并不是为了得到选区内的图像，而是要根据选区的外形进行描边或填充操作。使用"描边"命令可以为选区内的图像添加不同颜色和宽度的边框，以增强图像的视觉效果。此应用常常是为了突出海报的主题。

创建选区后即可对选区进行描边操作，单击"编辑"→"描边"命令，弹出"描边"对话框。

"描边"对话框中各主要选项的含义如下。

◎ 宽度：设置该数值可确定描边线条的宽度，数值越大，线条越宽。

◎ 颜色：单击颜色块，可在弹出的"拾色器"对话框中选择需要的颜色。

◎ 位置：单击各个单选按钮，可以设置描边线条相对于选区的位置。

◎ 保留透明区域：如果当前描边的选区范围内存在透明区域，则选择该选项后将对透明区域进行描边。

"描边"的具体操作步骤如下。

◆ Step 01：打开素材文件"描边 .psd"，在图层面板中选中"文字"图层，在按住【Ctrl】键的同时单击"文字"图层缩略图以创建选区，如图 2-44 所示。

◆ Step 02：单击"编辑"→"描边"命令，在弹出的"描边"对话框中进行参数设置，将"颜色"设置为"红色"、"宽度"设置为"3 像素"、"位置"设置为"居中"，如图 2-45 所示。单击"确定"按钮，然后按【Ctrl】+【D】组合键取消选区，效果如图 2-46 所示。

图2-44　为需要描边的文字创建选区　　图2-45　"描边"对话框参数设置　　图2-46　描边效果图

### 2.3.4 填充选区

填充指的是可以对要编辑的图像文件的整体或局部使用单色、多色或复杂的图案进行覆盖。

1. 运用"填充"命令填充颜色

"填充"命令的功能非常强大，可根据需要填充颜色和图案等。

运用"填充"命令的具体操作步骤如下。

◆ Step 01：打开素材文件"填充颜色 .jpg"，用魔棒工具绘制选区，如图 2-47 所示。

◆ Step 02：单击"编辑"→"填充"命令，弹出"填充"对话框，如图 2-48 所示。

◆ Step 03：在"内容"下拉列表中选择"颜色"，弹出"拾色器"对话框，从中选取需要的颜色，然后单击"确定"按钮，效果如图 2-49 所示。

"填充"对话框中各主要选项的含义如下。

◎ 内容：在此下拉列表中可以选择 9 种不同的填充类型，依次为：前景色、背景色、颜色、内容识别、图案、历史记录、黑色、50% 灰色、白色。

◎ "自定图案"：在"内容"下拉列表中选择"图案"选项后，该下拉列表即被激活，单击其图案缩略图，就可以在弹出的"自定图案"对话框中选择一个用于填充的图案。

◎ 模式 / 不透明度：此两项的参数与画笔工具属性栏中的参数意义相同。

◎ 保留透明区域：如果当前填充的图层中含有透明区域，则选择该选项后将只填充含有该像素的区域。

图2-47　创建选区　　　　　　图2-48　　"填充"对话框　　　　　　图2-49　填充效果

### 2. 运用油漆桶工具填充颜色

运用油漆桶工具可快速、便捷地为图像填充颜色，填充的颜色以前景色为准。

运用油漆桶工具填充颜色的操作方法是：先建立选区，然后单击工具箱中的油漆桶工具，在设置好属性后，再在选区中单击鼠标左键，即可填充颜色。

油漆桶工具属性栏中各主要选项的含义如下。

◎ 设置填充区域的源：在该下拉列表中可以选择用前背景色或图案进行填充。

◎ 模式：用于设置油漆桶工具在填充颜色时的填充模式。

◎ 消除锯齿：勾选该复选框后，在填充颜色时将对选区边缘进行柔化。

◎ 连续的：勾选该复选框后，在填充颜色时将在相邻的像素上填充颜色。

◎ 所有图层：勾选该复选框后，填充将作用于所有图层，否则只作用于当前图层。

打开素材，依次连接图片中的点，创建五角星选区，然后使用油漆桶工具填充颜色，如图 2-50 所示。完成效果如图 2-51 所示。

图2-50　填充素材　　　　　　　　　　图2-51　填充效果

### 3. 运用渐变工具填充渐变色

运用渐变工具可以创建多种颜色间的逐渐混合，用户可以在预设的渐变颜色中选择自己所需要的渐变色。运用渐变工具填充渐变色的操作方法与运用油漆桶工具填充颜色一样。

在渐变工具属性栏中，渐变工具提供了如下 5 种渐变方式。

◎ 线性渐变：从起点到终点做直线形状的渐变。

◎ 径向渐变：从中心开始做圆形放射状渐变。

◎ 角度渐变：从中心开始做逆时针方向的角度渐变。

◎ 对称渐变：从中心开始做对称直线形状的渐变。

◎ 菱形渐变：从中心开始做菱形渐变。

4. 运用快捷键填充颜色

要对当前图层或创建的选区填充颜色，可以运用以下快捷键完成操作。

◎ 填充前景色：按【Alt】+【Delete】/【Alt】+【Backspace】组合键。

◎ 填充背景色：按【Ctrl】+【Delete】/【Ctrl】+【Backspace】组合键。

### 2.3.5 定义图案

1. 定义图案

用户在图像中用矩形选框工具绘制选区，将需要定义的图像选中，然后单击"编辑"→"定义图案"命令即可定义图案，以作备用。

◆ Step 01：打开素材文件"填充图案 _1.jpg"，用矩形选框工具绘制如图 2-52 所示的选区。

◆ Step 02：单击"编辑"→"定义图案"命令，弹出"图案名称"对话框，如图 2-53 所示。

◆ Step 03：选择油漆桶工具，这时在其选项栏的图案弹出式调板中可以看到上一步定义的图案，如图 2-54 所示。

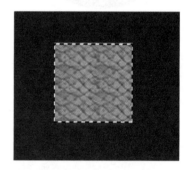

图2-52　需要定义的图案

图2-53　"图案名称"对话框

图2-54　油漆桶选项栏

2. 填充图案

在图像上填充预设图案，可以打造出一种叠加的效果。

（1）运用"填充"命令填充图案。

运用"填充"命令不但可以填充颜色，还可以填充图案。除了可以使用软件自带的图案外，用户还可以自定义一个图案，通过设置"填充"对话框中的各选项进行图案的填充。具体操作步骤如下。

◆ Step 01：打开素材文件"填充图案 .jpg"，用套索工具绘制需要填充的区域，如图 2-55 所示。

◆ Step 02：单击"编辑"→"填充"命令，在弹出的"填充"对话框中设置"内容"为图案，在"自定义图案"列表中选择前面定义的"图案 1"图案，单击"确定"按钮，效果如图 2-56 所示。

图2-55　需要填充的图案　　　　　　　　　图2-56　填充图案效果

（2）运用油漆桶工具填充图案。

油漆桶工具常用于对图像快速进行前景色或图案的填充。单击油漆桶工具栏上"图案"后面的下拉箭头，在弹出式面板中选择所需图案，然后单击所需填充的地方即可。

（3）运用"内容识别"命令修复图像。

运用"填充"对话框中的"内容识别"，可以自动填补内容。此功能非常强大，在物体被选中的情况下，会自动识别选中的内容，并填充被选择区域以外的适合整体效果平衡的颜色至选中区域。例如，我们想要将素材中的拖拉机清除掉，这时就可以使用"内容识别"命令，具体操作的步骤如下。

◆ Step 01：打开素材文件"内容识别.jpg"，用套索工具绘制如图 2-57 所示选区，将拖拉机圈选出来。

◆ Step 02：单击"编辑"→"填充"命令，在弹出的"填充"对话框中设置"内容"为"内容识别"，单击"确定"按钮，效果如图 2-58 所示。

图2-57　绘制选区　　　　　　　　　　　　图2-58　清除效果

# 2.4　高级应用

## 2.4.1　重复自由变换

在 Photoshop 中，变换操作可以将缩放、旋转、扭曲、斜切、透视、变形和翻转等应用到选区、图层和矢量图形中。我们经常会遇到需要对图像进行变换的情况，如缩放、旋转等。

单击"编辑"→"自由变换"命令，或者按【Ctrl】+【T】组合键，即可显示变换框。当弹出变换框之后，选项栏中出现各种变换属性栏，如图 2-59 所示。

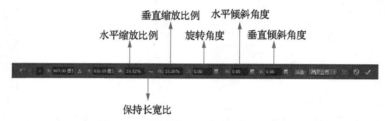

图2-59　"变换"和"自由变换"属性栏

下面通过实例"为绿化带种植树木"介绍重复自由变换的应用。要求：在左边绿化带种植 6 棵树木，将第 2 棵树木种植在图中红点位置，每一棵树木的大小是前一棵树木的 78%。

其具体操作步骤如下。

◆ Step 01：首先打开素材文件"重复自由变换 .psd"，然后在图层面板中对"树木"图层进行解锁，即单击图层面板上方的锁头标志。接着将鼠标移动到"树木"图层上方，按住左键，将图层拖曳到"新图层"按钮上，实现对"树木"图层的拷贝。

◆ Step 02：选择新拷贝的"树木"图层，通过【Ctrl】+【T】组合键实现自由变换。在属性栏中，按下保持长宽比按钮，在"水平缩放比例"框中输入数值 78%，具体参数设置如图 2-60 所示。在工作区中将树木移动到需要种植的位置即红点上，效果如图 2-61 所示。

图2-60　水平和竖直方向缩放比例参数设置

◆ Step 03：当参数及位置都设置完毕后，在变换框上方双击鼠标左键完成变换。

◆ Step 04：由于后面树木的变换都基于前一棵树木的数据，为了重复上一步的自由变换，这里可以使用【Alt】+【Ctrl】+【Shift】+【T】组合键进行操作，最终效果如图 2-62 所示。

图2-61　种第2棵树的效果

图2-62　种树最终效果

## 2.4.2　操控变形

在 Photoshop CC 中，可以使用"操控变形"命令对图像中需要变形的对象进行任一形状与姿态的变形。在变形过程中，可以通过图钉固定某个或多个图像的位置，常用的有手臂、下肢等部位动作的变换。

操控变形的对象除了可应用于图像图层、形状图层和文本图层之外，还可应用于图层蒙版和矢量蒙版。为了避免破坏原图像，需要先将其转换为智能对象。

在操控变形中，选项栏各选项的说明如下。

◎　模式：列表中供选取的模式包括：正常、刚性和扭曲。模式主要确定网格的整体弹性，如果需要极具弹性的变形，则可以选择"扭曲"选项。

◎　浓度：列表中供选取的模式包括：正常、较少点、较多点。浓度主要是确定网格点的间距。网格点多可以提高精度，但处理时间较长，网格点少则相反。

◎　扩展：用于扩展网格的外边缘。

◎　显示网格：取消选中可以只显示调整图钉，从而显示更清晰的预览图。

◎　图钉深度：在图像中添加图钉后，选项栏中的 图钉深度：●● 旋转： 自动 ▾ 1 度 呈可用状态，这时可以直接对选中的图钉进行角度设置，但必须有两个以上的图钉才能起作用。

◎　 ↺ ⊘ ✓ ：这 3 个选项依次表示为"移去所有图钉""取消操控变形""确认操控变形"。

下面通过改变长颈鹿的姿态，介绍操控变形功能的使用。

◆ Step 01：打开素材文件"操控变形 .jpg"，使用快速选择工具，将大长颈鹿脖子以上的部分抠选出来，如图 2-63 所示。

◆ Step 02：使用【Ctrl】+【J】组合键，对选取的区域进行拷贝，以免破坏原图像。

◆ Step 03：选中拷贝的图层，单击菜单中的"编辑"选项，选择"操控变形"命令。此时选取的区域显示为网格线，这主要是由选项栏中的显示网格选项决定的。

◆ Step 04：在网格中单击并确定图钉的位置，使大长颈鹿的头部靠近小长颈鹿，如图 2-64 所示。

图2-63　选取操控变形区域

◆ Step 05：单击选项栏中的"√"按钮，确定变形。

◆ Step 06：将图层切换至背景图层，使用修补工具将大长颈鹿多余的身体部分抠选出来，拖曳选区到天空的位置，使用天空背景内容修复多余的长颈鹿的头部，效果如图 2-65 所示。

图2-64　在网格中添加图钉

图2-65　操控变形后的效果

### 2.4.3　透视变形

有时在图像中显示的某个对象可能与我们在现实生活中看到的有所不同。其实，这种不匹配是由透视扭曲造成的。使用不同的拍摄距离和视角拍摄同一对象的图像，会呈现出不同的透视扭曲。

在 Photoshop CC 中可以通过调整透视效果，达到旋转素材中建筑物的角度的目的。

◆ Step 01：打开素材文件"透视变形 .jpg"，首先对原素材进行拷贝，然后在拷贝的图层上进行操作，以免操作失误破坏原素材。

◆ Step 02：在进行透视变形操作之前，需要设置软件的性能，在"编辑"菜单中选择"首选项"→"性能"命令，打开"性能"面板，检查是否已勾选使用图形处理器，允许 Photoshop 使用的内存至少为 512MB，如图 2-66 所示。

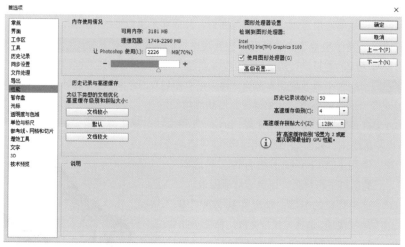

图2-66  "性能"面板

◆ Step 03：打开"编辑"菜单，单击"透视变形"按钮，选择透视变形工具后，在画布上单击，出现网格之后，单击网格的 4 个角点，通过控制点将网格覆盖在建筑物的一个侧面，使网格线条与建筑物基本平衡，如图 2-67 所示。

◆ Step 04：在画布中，在建筑物的左侧面按住鼠标左键并拖曳，添加新的网格。将新的网格的右边角点拖曳到第一个网格左边的角点上，当控制点及对应边变成蓝色时，松开鼠标，这时网格靠近的边会自动重合，两个网格也形成一个整体，通过对左边侧面网格角点进行拖曳，可使其与建筑物基本平衡，如图 2-68 所示。

图2-67  布置网格的角点

图2-68  添加新网格效果

◆ Step 05：在图 2-69 所示的透视变形属性栏中，将版面切换为"变形"，即可通过控制点的移动来调整变形效果。

图2-69　透视变形属性栏

◆ Step 06：原图及调整后的效果图，如图 2-70 和图 2-71 所示。

图2-70　原图　　　　　　　　　　　　　　　　　　　图2-71　效果图

# 2.5　真题实例

1. 打开"550022.jpg"，利用"550022-1.jpg"生成合成图片，制作效果如图 2-72 所示。具体按照以下要求完成操作。

（1）将"550022-1.jpg"去除背景后放置在图片中；

（2）将两条小鱼放置在图中间两个气泡下面；

（3）将完成的作品保存为"result.jpg"。

效果如图 7-72 所示。

图2-72　制作效果

操作步骤如下。

◆ Step 01：打开素材文件"550022.jpg"和"550022-1.jpg"。

◆ Step 02：使用快速选择工具，对"550022-1.jpg"中的小鱼创建选区，如图 2-73 所示。

◆ Step 03：选择移动工具，将小鱼拖曳到背景"550022.jpg"中，在按【Alt】键的同时，按住鼠标左键拖曳复制一条小鱼。按【Ctrl】+【T】组合键，进入自由变换。单击鼠标右键，将左边位置的小鱼水平翻转 180°，并调整到合适的位置及大小。对右边位置的小鱼也进行自由变换，并调整位置及大小，最终效果如图 2-74 所示。将文件保存为"result.jpg"。

图2-73　抠选小鱼

图2-74　合成效果

2. 打开素材文件"550201.jpg"，无破绽地移除照片中的汽车，并将完成的作品保存为"result.jpg"格式。

操作步骤如下。

◆ Step 01：打开素材文件"550201.jpg"，如图 2-75 所示。

◆ Step 02：使用"磁性套索"工具，在汽车的边缘对"汽车"图像进行选取，如图 2-76 所示。

图2-75　打开素材

图2-76　对"汽车"图像进行选取

◆ Step 03：选择菜单"编辑"→"填充"命令，打开"填充"对话框，将内容设置为"内容识别"，如图 2-77 所示。最后单击"确定"按钮。

◆ Step 04：取消选区，保存结果，最终效果如图 2-78 所示。

图2-77　"填充"对话框

图2-78　最终效果

## 2.6　知识能力测试

一、选择题

1. 在 Photoshop 中的当前图层中有一个正方形选区，要想得到另一个同等大小的正方形选区，下列操作正确的是（    ）。

    A. 将鼠标指针放在选区中，然后按住【Ctrl】+【Alt】组合键拖动选区

    B. 在信息控制面板中查看选区的宽度和高度数值，然后按住【Shift】键再绘制一个同等宽度和高度的选区

    C. 单击"编辑"→"拷贝"、"编辑"→"粘贴"命令

    D. 选择移动工具，然后按住【Alt】键拖动选区

2. 在 Photoshop 中，下列选项中的（    ）可用于制作"定义图案"的选区。

    A. 圆形选择工具　　B. 矩形选择工具　　C. 套索选择工具　　D. 魔棒选择工具

3. 在 Photoshop 中使用矩形选择工具创建矩形选区时，得到的是一个具有圆角的矩形选择区域，其原因是（    ）。

    A. 拖曳矩形选择工具的方法不正确

    B. 矩形选择工具具有一个较大的羽化值

    C. 使用的是圆角矩形选择工具而非矩形选择工具

    D. 所绘制的矩形选区过大

4. 在 Photoshop CC 中，（    ）工具或命令没有"消除锯齿"的复选框。

    A. 魔棒工具　　　　B. 矩形选择工具　　C. 套索工具　　　　D."选择→色彩范围"命令

5. 在 Photoshop 中，利用单行或单列选框工具选中的是（    ）。

    A. 拖曳区域中的对象　　　　　　B. 图像横向或竖向的像素

    C. 一行或一列像素　　　　　　　D. 当前图层中的像素

6. 在 Photoshop 中使用磁性套索工具进行操作时，要创建一条直线，按住（    ）单击鼠标即可。

    A.【Alt】键　　　B.【Ctrl】键　　C.【Tab】键　　　D.【Shift】键

7. 使用 Photoshop 绘制选区时想移动选区的位置，可以按住（    ）拖曳鼠标。

    A.【Ctrl】键　　　B. 空格键　　　C.【Alt】键　　　D.【Esc】键

8. 在 Photoshop 中，使用矩形选框工具的情况下，按住（    ）可以创建一个以落点为中心的正方形选区。

    A.【Ctrl】+【Alt】组合键　　　　　B.【Ctrl】+【Shift】组合键

    C.【Alt】+【Shift】组合键　　　　　D.【Shift】键

9. 在 Photoshop CC 中，使用矩形选框工具和椭圆选框工具时，（    ）可以创建以鼠标落点为中心的选区。

    A. 按住【Alt】键并拖曳鼠标　　　　B. 按住【Ctrl】键并拖曳鼠标

    C. 按住【Shift】键并拖曳鼠标　　　　D. 按住【Shift】+【Ctrl】组合键并拖曳鼠标

10. 在 Photoshop 中，按住（    ）可保证椭圆选框工具绘出的是正圆形。

    A.【Shift】键　　　B.【Alt】键　　　C.【Ctrl】键　　　D.【Tab】键

二、操作题

1. 打开素材文件"550630.jpg"，清除图中的花朵，最终效果如图 2-79 所示，将完成的作品保存为"result.jpg"格式。

图2-79　效果图

2. 打开素材文件"550639.jpg",清除图中的"少女"图像,最终效果如图 2-80 所示,将完成的作品保存为"result.jpg"格式。

图2-80　效果图

3. 打开素材文件"550203.jpg",把人物背景的颜色更换为纯颜色,颜色代码为 #e115ee,效果如图 2-81 所示,将完成的作品保存为"result.jpg"格式。

图2-81　效果图

Photoshop CC

# Chapter
## 3

### 第3章
### 绘图工具与修图工具

绘图工具是绘画和编辑图像的基础。
通过绘图工具和修图工具可以绘制出丰富多彩的图像。

# 3.1　颜色填充工具组

### 3.1.1　油漆桶工具

"油漆桶工具"用于填充前景色或图案。在"油漆桶工具"属性栏的填充选项中，选择"前景"，则以前景色填充；选择"图案"，则在弹出的面板中选择图案进行填充。此外，"油漆桶工具"属性栏中还有"模式""不透明度""容差"等设置选项，其具体含义如下。

◎　模式：其弹出菜单用来选择填充颜色或图案与被填充图案的混合模式。

◎　不透明度：用来定义填充的不透明度。

◎　容差：用来控制油漆桶工具每次填充的范围，数值越大，允许填充的范围也就越大。

◎　消除锯齿：选择此项，可以使填充的边缘保持平滑。

◎　连续的：如果选择此项，填充的区域是和鼠标单击点相似并连续的部分；如果不选择此项，则填充的区域是所有和鼠标单击点相似的像素，不管是否是和鼠标单击点连续的部分。

◎　所有图层：选择此选项，则不管当前在哪个层操作，用户使用的工具都会对所有层起作用，而不仅仅是对当前操作层起作用。

下面利用"油漆桶工具"为一灰色卡通人物填充颜色，具体操作步骤如下。

◆ Step 01：打开素材文件"油漆桶工具 .jpg"，右键单击"渐变工具"，在弹出的工具组中选择"油漆桶工具"，如图 3-1 所示。

◆ Step 02：在色板中设置前景色为"#facd89"（R250，G205，B137），在"油漆桶工具"的属性栏中设置"填充"为"前景"、"容差"为"60"、"模式"为"颜色"，并勾选"连续的"。然后分别在人物的脸部、耳朵、手和脖子处单击，效果如图 3-2 所示。

图3-1　选择"油漆桶工具"

◆ Step 03：选择不同的颜色，利用相同的方法填充人物其他部分，效果如图 3-3 所示。

图3-2　油漆桶-填充脸部

图3-3　油漆桶-填充人物其他部分

◆ Step 04：在属性栏中设置填充为"图案"，并在图案的弹出式面板中追加"彩色纸"图案组，如图 3-4 所示。然后选择名为"树叶图案纸"的图案，并单击图案的白色背景部分，最终效果如图 3-5 所示。

图3-4   油漆桶–追加图案组

图3-5   油漆桶–填充图案最终效果

### 3.1.2   渐变工具

渐变是指一种颜色向另一种颜色的过渡，从而形成一种柔和的或者特殊规律的色彩区域。Photoshop中的渐变工具可以创建多种颜色间的过渡即逐渐混合。

◆ Step 01：新建一个 600×400 的画布（画布大小可以自由选择）。选择"渐变工具"，将前景色设置为"黑色"、背景色设置为"褐色"（R106，G57，B6）。在属性栏中选择渐变方式为"线性渐变"，由上向下拖曳，得到如图3-6 所示的背景效果。

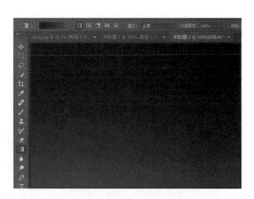

图3-6   渐变工具–背景效果

◆ Step 02：将前景色和背景色设置为默认的"黑色"和"白色"。新建一个"图层 1"，选择"椭圆选框工具"，绘制一个椭圆选区，并在新图层上填充由左向右的线性渐变，如图 3-7 所示。

◆ Step 03：选择"椭圆选框工具"，在按住【Shift】键的同时拖曳鼠标，向下移动 Step 02 绘制的椭圆选区，如图 3-8 所示。

图3-7   椭圆选框工具–绘制椭圆并填充

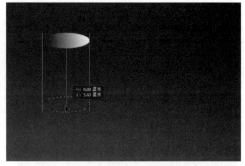

图3-8   椭圆选框工具–移动椭圆选区

◆ Step 04：选择"矩形选框工具"，在属性栏中选择添加到选区，绘制一个与椭圆选区等宽的矩形选区，如图 3-9 所示。然后新建"图层 2"，选择"渐变工具"，填充与 Step03 相反方向的线性渐变并合并，如图 3-10 所示。

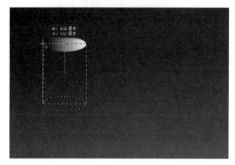

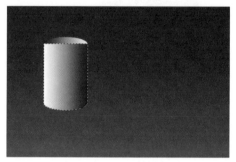

图3-9　矩形选框工具-绘制矩形选区　　　　　　图3-10　渐变工具-填充并合并选区

◆ Step 05：按【Ctrl】+【Delete】组合键取消选择，将"图层 2"移到"图层 1"的下方，得到如图 3-11 所示圆柱体。

◆ Step 06：选择"多边形套索工具"，绘制如图 3-12 所示的多边形，作为阴影的选区。然后单击"选择"→"修改"→"羽化"命令，羽化 3 个像素。

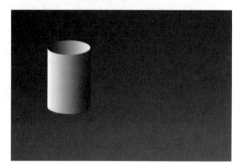

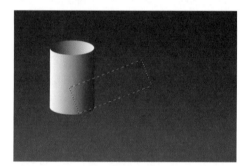

图3-11　圆柱体　　　　　　　　　　　　　图3-12　绘制多边形

◆ Step 07：新建"图层 3"并移到"图层 2"的下方，选择"渐变工具"，样本选择"黑到透明色"，渐变方式仍旧选择"线性渐变"，由靠近圆柱体到远离圆柱体的反向拉动渐变，填充渐变后，按【Ctrl】+【Delete】组合键取消选择，得到如图 3-13 所示的效果。

◆ Step 08：使用类似的方法，利用"椭圆选框工具"及"渐变工具"可以绘制图 3-14 所示的球体，不同的是填充圆形选区时，渐变方式选择"径向渐变"。

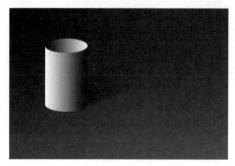

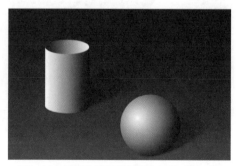

图3-13　渐变工具-填充渐变　　　　　　图3-14　椭圆选框工具及渐变工具-添加球体

### 3.1.3　渐变编辑器

在很多情况下，渐变预设中提供的样本是不够的，那么就需要用户自定义渐变。在"渐变编辑器"对话框中，可以通过预设的渐变修改现有的渐变，也可以为渐变添加中间色，即在两种以上的颜色间创建混合，如图 3-15 所示。

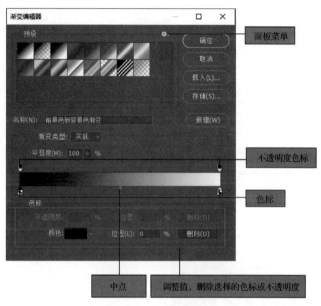

图3-15　"渐变编辑器"对话框

单击色标（包括不透明度色标）后，色标上方的三角形会变黑，表示该色标被选中，这时就可以对色标进行编辑，从而更改或删除某一颜色或不透明度。拖曳色标，可以调整渐变起点和终点。当鼠标指针变成小手形状时，单击渐变条，可以添加新的色标。

运用"渐变编辑器"的具体操作步骤如下。

◆ Step 01：打开素材文件"渐变编辑器 .png"，新建"图层 1"，选择"渐变工具"，在属性栏中单击渐变样本，弹出"渐变编辑器"对话框，选择渐变类型为"杂色"，如图 3-16 所示。

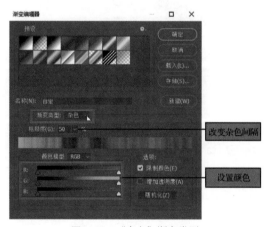

图3-16　"杂色"渐变类型

◆ Step 02：将粗糙度设置为"50%"，每单击一次"随机化"按钮，渐变颜色条就会发生一次变化。当用户对渐变颜色效果满意后，单击"确定"按钮即可。

◆ Step 03：在"渐变工具"属性栏中选择渐变方式为"角度渐变"，按住鼠标左键，在"图层 1"上拖曳，如图 3-17 所示。效果如图 3-18 所示。

图3-17　渐变编辑器-添加角度渐变　　　　　　　图3-18　渐变编辑器-角度渐变效果

◆ Step 04：设置前景色为白色，在"渐变工具"属性栏的渐变样本中选择"透明条纹渐变"，如图 3-19 所示。更改渐变方式为"菱形渐变"，设置透明度为"60%"，按住鼠标左键在"图层 1"上拖曳数次，得到白色条纹的菱形图案，如图 3-20 所示。

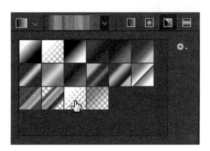

图3-19　选择"透明条纹渐变"　　　　　　图3-20　白色条纹的菱形图案

◆ Step 05：将"图层 1"移到"图层 0"的下方，最终效果如图 3-21 所示。

图3-21　渐变编辑器-最终效果

# 3.2　画笔工具与铅笔工具

## 3.2.1　画笔工具与铅笔工具

使用画笔工具和铅笔工具可以在图像上绘制当前的前景色。画笔工具可创建颜色的柔描边，一般用来进行上色或者涂抹；铅笔工具可创建硬边直线，其用途是构图、勾线框，类似于现实中用铅笔画素描。注意，二者的属性栏相似。下面通过实例来讲解画笔工具的使用，具体操作步骤如下。

◆ Step 01：打开素材文件"画笔工具.psd"，在"背景"和"人物"图层中间新建一个图层，并命名为"十字架"，如图 3-22 所示。

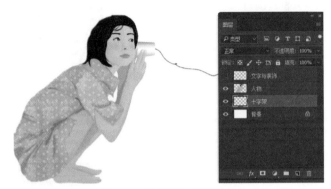

图3-22　画笔工具-新建图层

◆ Step 02：选中图层"十字架"，选择画笔工具，在属性栏的"画笔预设"选择器中选择画笔，设置画笔大小为"20 像素"、硬度为"100%"，如图 3-23 所示。设置前景色为黑色，在按住【Shift】键的同时拖曳鼠标，绘制一条垂直方向的直线。然后更改画笔大小为"10 像素"，在按住【Shift】键的同时拖曳鼠标，绘制一条水平方向的直线，效果如图 3-24 所示。由此可见，画笔笔刷的数值越小，画笔笔尖越细。

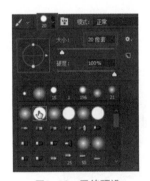

图3-23　画笔预设

图3-24　绘制"十字架"

小提示

（1）在使用画笔的过程中，按住【Shift】键可以绘制水平、垂直或者以 45°为增量的直线。在确定起点后，按住【Shift】键单击画布中的任意一点，则两点之间均以直线相连接。

（2）按"["键可以实时减小笔刷，按"]"键可以实时增大笔刷。

◆ Step 03：新建图层并重命名为"画笔硬度"，设置前景色为"#a0d2e6"（R160，G210，B230），更改画笔大小为"150 像素"、硬度为"0%"，沿着人物边缘绘制图像，效果如图 3-25 所示。"硬度"是控制画笔边缘的羽化程度，通过与 Step 02 中的直线相比可以发现，硬度值越小，画笔边缘越柔和。

图3-25　更改画笔硬度

◆ Step 04：新建图层并重命名为"画笔不透明度"，设置前景色为"# 1487c3"（R20，G135，B195），更改画笔大小为"150 像素"、硬度为"45%"，在属性栏中更改不透明度为"10%"，绘制背景图像，效果如图3-26所示。画笔不透明度越低，绘制出的颜色越透明。

图3-26　设置"画笔不透明度"

◆ Step 05：新建图层并重命名为"画笔流量"，在属性栏中更改不透明度为"100%"、流量为"10%"，绘制背景图像，效果如图 3-27 所示。"流量"决定着画笔在绘制时颜色的流动速度。

图3-27　设置"画笔流量"

小提示　　　　"不透明度"是对画笔整体的透明效果进行控制；"流量"是对颜色的流动速度进行设置，重复叠加涂抹时会积累油墨流量。

◆ Step 06：新建图层并重命名为"喷枪"，设置前景色为"#ff5500"（R255，G85，B0），在属性栏中单击"喷枪"按钮进行激活，如图 3-28 所示。在人物右上角按住鼠标（不拖曳）左键数秒增大颜色量，如图 3-29 所示。由此可见，选择"喷枪"选项后，鼠标停留的时间越长，喷涂区域就会越大，喷绘颜色也会越重。

图3-28　单击"喷枪"按钮进行激活

图3-29　画笔"喷枪"效果

◆ Step 07：新建图层并重命名为"模式"，设置前景色为白色，在属性栏中更改模式为"线性光"，
在背景四周涂抹，得到如图 3-30 所示效果。注意，画笔模式与图层混合模式类似；
不同的是，画笔模式只控制单个笔触的效果，而不是整个图层的效果。

图3-30　设置"画笔模式"

◆ Step 08：显示隐藏的图层"文字与装饰"，最终效果如图 3-31 所示。

图3-31　画笔工具-最终效果

## 3.2.2　画笔面板

画笔工具和铅笔工具的属性栏及笔刷的设置类似，这里就以画笔工具为例介绍如何设置笔刷。

选择画笔工具，单击属性栏中的　按钮，即可显示画笔面板，如图 3-32 所示。下面介绍画笔面
板中笔刷常用选项的含义。

图3-32　画笔面板

### 1. 画笔笔尖形状

在"画笔笔尖形状"中，可以选择笔刷形状，并设置笔刷大小、硬度、间距、角度和圆度等属性。在不勾选任何选项的情况下，选择名为"尖角 30"的笔刷（将鼠标指针移至笔刷上面，会出现该笔刷名称的提示），分别设置各属性并绘制直线，可以得到不同效果的线条。

间距是指点与点之间的距离，其百分比的参照物是笔刷直径的大小。图 3-33 所示为间距分别是 25%、100%、200% 时所绘制的直线。

圆度是一个百分比，代表椭圆长短直径的比例。当圆度为 100% 时，是正圆；当圆度为"0%"时，椭圆外形最扁平。

角度是笔刷的倾斜角，当圆度为 100% 时，角度就没意义了，因为正圆无论怎么倾斜都是一个样子。图 3-34 所示为笔刷的倾斜角度为 60°，圆度分别为 100%、60%、30% 时绘制的直线。

25%
100%
200%

图3-33　不同间距所绘制的直线

圆度100%
圆度60%
圆度30%

图3-34　相同角度不同圆度所绘制的直线

除了可以通过输入数值改变角度和圆度外，还可以通过在示意图中拖曳图 3-35 所示的两个控制点来改变圆度，而在示意图中任意地方单击并拖曳鼠标即可改变角度。

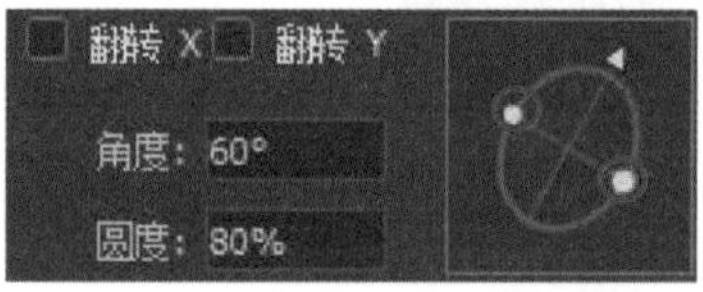

图3-35　改变笔刷的角度和圆度

大小抖动100%
大小抖动50%
大小抖动0%

图3-36　不同大小抖动所绘制的直线

最小直径0%
最小直径70%
最小直径100%

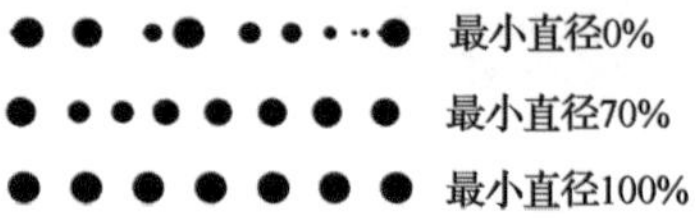

图3-37　不同最小直径所绘制的直线

### 2. 形状动态

在"形状动态"选项中，可以把大小、圆度、角度设置成可变的。

选择名为"尖角 30"的笔刷，设置间距为 200%。勾选"形状动态"选项，最小直径、角度和圆度都选择 0%，将大小抖动分别设置为 100%、50%、0%，在画布上绘制直线，就会看到如图 3-36 所示效果。

所谓抖动就是随机，而随机即无规律。大小抖动就是大小随机，表示笔刷的直径大小在无规律变化着。抖动值设置得越大，在绘制线条的过程中，点的变化也就越大。

最小直径就是控制最小笔刷和最大笔刷的比例。图 3-37 所示为当大小抖动是 0%，最小直径分别是 0%、70%、100% 时所绘制的直线。

在"大小抖动"的下方还有一个"控制"的设置，其中的"渐隐"就是步长，步长的数值越大，渐隐越明显。图 3-38 所示为当抖动是 0%，渐隐分别是 15 和 20 时所绘制的直线。

"控制"中的"钢笔压力""钢笔斜度""光笔轮"只有配合感压笔才能进行操作，并模拟出笔刷倾斜和用力强弱的效果。

渐隐15
渐隐20

图3-38　不同渐隐所绘制的直线

此外，圆度抖动就是随机改变笔刷的圆度；角度抖动就是让扁椭圆形笔刷在绘制过程中随机改变角度，得到"歪歪扭扭"的效果。

### 3. 散布

散布指笔刷的点不再局限于鼠标的轨迹上，而是随机出现在轨迹周围一定的范围内，就像一堆纸片被撒在地上。散布值越大，笔刷的点落在鼠标轨迹周围的范围就越大。散布数量控制笔刷的点出现的多少，数量抖动指笔刷的数量随机发生的变化。

将画笔笔尖形状设置大小为 15 像素、硬度为 100%、间距为 200%，只勾选"散布"选项，并设置散布为 200%。当散布数量分别为 1、4、8 且数量抖动都为 0%，以及散布数量为 8、数量抖动为 100% 时，所绘制的直线如图 3-39 所示。

此外，在设置散布时，开启和关闭"两轴"也会得到不一样的效果。图 3-40 所示为当笔刷散布为 200%、数量为 1、数量抖动为 0% 时，开启和关闭"两轴"所绘制的直线。可以看到，如果关闭"两轴"选项，散布只局限于竖直方向上的效果，看起来有高有低，但彼此在水平方向上的间距还是固定的。如果开启"两轴"选项，散布在竖直和水平方向上都有效果。

散布数量为1，数量抖动0%
散布数量为4，数量抖动0%
散布数量为8，数量抖动0%
散布数量为8，数量抖动100%

图3-39　散布效果

开启两轴
关闭两轴

图3-40　散布-两轴

### 4. 纹理

纹理就是在笔刷上添加各种图案。图 3-41 所示为当模式选择"正片叠底"时，各种纹理的不同效果。同一种纹理选择不同的混合模式，得到的笔刷效果也不一样。此外，还可以改变叠加在笔刷上图案的缩放大小、亮度、对比度和深度等属性。

### 5. 双重画笔

双重画笔就是将两个画笔用混合模式叠加在一起，选择不同的混合模式会得到不同的效果。图 3-42 所示为两种不同笔刷用"变暗"混合模式得到的效果。

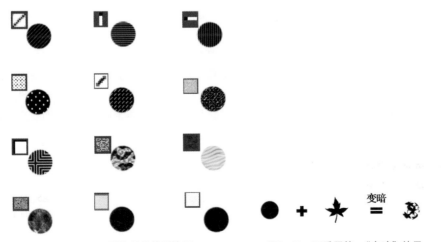

变暗

图3-41　不同纹理的笔刷效果　　　　图3-42　双重画笔-"变暗"效果

在"双重画笔"选项中，可以调整第二个画笔在第一个画笔中的直径大小、间距大小、散布状态和数量多少。对这些属性的设置不一样，得到的笔刷效果也不一样。

运用"双重画笔"可以制作出虚线效果，具体操作步骤如下。

◆ Step 01：选择一个圆点形状的笔刷，在"画笔笔尖形状"中设置其大小，比如 5 像素，其他属性选择默认设置（硬度为 100%，间距为 25%，圆度和角度都为 0）。注意，选择第一个画笔时，不勾选任何选项。

◆ Step 02：在"双重画笔"选项中，选择与上一步一样的笔刷，混合模式选择"变暗"，通过改变其大小和间距，可以得到如图 3-43 所示虚线效果。

◆ Step 03：在"双重画笔"选项中，选择第二个画笔为其他笔刷，比如"柔角 30"，通过改变其大小和间距，可以得到如图 3-44 所示虚线效果。

图3-43　虚线效果1　　　　　　　　　　　　　　图3-44　虚线效果2

### 6. 颜色动态

在用画笔绘制图形时，要想让颜色有变化，可以将前景色和背景色设置成两种不同的颜色。单击颜色动态，并设置前景色、背景色抖动，或者设置色相、饱和度、亮度等抖动为非零值，效果如图 3-45 所示。注意，若想使一笔绘制的线条的每个点都有变化，则必须勾选"应用每笔尖"选项；否则，只有绘制多笔才能使颜色发生变化。

图3-45　颜色动态

### 7. 传递

通过设置"传递"选项，不仅可以控制画笔随机的不透明度，还可以设置画笔随机的颜色流量，从而绘制出若隐若现的笔触效果，使画面更加自然、灵动、通透。

在"画笔笔尖形状"选项中选择"尖角 30"的笔刷，仅勾选"传递"选项，设置其间距为"150%"，"不透明度抖动"分别为"0%""50%""100%"，得到的线条效果如图 3-46 所示。可以看出，"不透明度抖动"参数值越大，不透明度随机变化的幅度越大。

在"控制"中，"渐隐"同之前选项设置的一样都是控制步长值的，只不过这里控制的是不透明度的步长值。当在"控制"中选择"渐隐"，并设置参数值为 5、最小分别为 0% 和 10% 时得到的线条如图 3-47 所示。当最小为 0% 时，绘制的笔触效果只有前面 5 步有颜色，后面所有步骤的笔触效果都以完全不透明的形式显示，即无笔触效果；而当把最小值设置为非零值时，后面（即 5 步以后）的笔触将以所设置的最小不透明度的变化来显示。

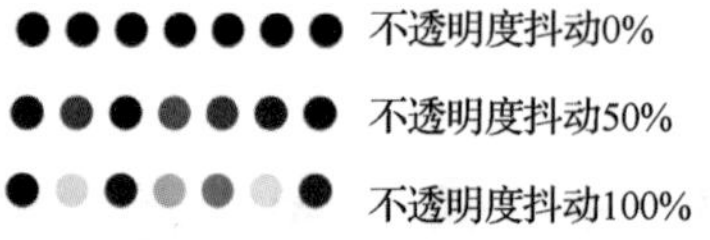

● ● ● ● ● ● ● ● 　不透明度抖动0%

● ● ● ● ● ● ● ● 　不透明度抖动50%　　　　　　　● ● ● ● ●　　　　　　　　渐隐5，最小0%

● ● ● ● ● ● ● ● 　不透明度抖动100%　　　　　　● ● ● ● ● ● ● ● ● ●　　渐隐5，最小10%

图3-46　不同不透明度抖动所绘制的线条　　　　　　　图3-47　相同渐隐不同最小所绘制的线条

"流量抖动"与"不透明度抖动"的参数设置基本一致，不同的是"流量抖动"控制的是流量的随机性变化。

以上就是对画笔面板中主要笔刷选项的介绍。下面通过一个实例来介绍画笔面板的应用，具体操作步骤如下。

◆ Step 01 ：打开素材文件"画笔面板应用 .jpg"，利用合适的选择工具将背景选中，然后新建一个图层并重命名为"圆点"，如图 3-48 所示。

◆ Step 02 ：选择"画笔工具"，单击属性栏中的█按钮，打开"画笔面板"。在"画笔笔尖形状"中选择一种圆点形状的笔刷，并设置合适的笔刷大小（如 30 像素）和间距（如50%）。勾选"形状动态"选项，设置合适的大小抖动；勾选"散布"选项，设置合适的散布参数。在这里可以灵活地调整笔刷间距、大小抖动和散布的参数，只要在"画笔面板"中显示的笔刷预览效果与图 3-49 所示差不多即可。

 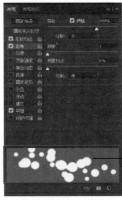

图3-48　画笔面板-创建选区并新建图层　　　　图3-49　画笔面板-笔刷效

◆ Step 03 ：将前景色和背景色分别设置为洋红色（R255，G0，B255）和蓝色（R0，G0，B255）。勾选"颜色动态"选项，设置"前景/背景抖动"为"100%"、"色相抖动"为"100%"，并勾选"应用每笔尖"；再勾选"传递"选项，将"不透明度抖动"设置为"100%"。在"圆点"图层上随意绘制，即可得到如图 3-50 所示效果。

◆ Step 04 ：适当调整画笔大小，继续绘制。当得到满意的圆点背景后，按【Ctrl】+【D】组合键取消选择，并添加文字"BEST BEAUTLY"（字体、大小及颜色可以自选），最终效果如图 3-51 所示。

图3-50　画笔面板-添加圆点　　　　图3-51　画笔面板-添加文字最终效果

### 3.2.3 自定义画笔

除了可以在画笔预设中选择画笔的笔刷外,还可以将现有图像自定义成画笔。其具体操作步骤如下。

◆ Step 01:打开素材文件"自定义画笔 _ 女孩 .jpg",利用合适的选择工具将背景选中,然后新建一个图层并重命名为"花朵",如图 3-52 所示。

◆ Step 02:选择"画笔工具",在属性栏中打开画笔预设,单击"设置"按钮,在弹出的菜单中选择"特殊效果画笔",如图 3-53 所示。然后在弹出的对话框中选择"追加",这样就在原有画笔笔刷的基础上增加了"特殊效果画笔"中的笔刷。如果单击"确定"按钮,则"特殊效果画笔"将替换原有的画笔笔刷。

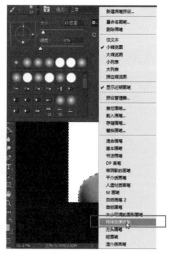

图3-52 自定义画笔–新建图层并命名          图3-53 追加画笔

◆ Step 03:选择笔刷"散落玫瑰",设置合适的大小,选择合适的前景色(颜色自定),在"花朵"图层上单击一次,即可绘制一朵玫瑰,如图 3-54 所示。

◆ Step 04:打开素材文件"自定义画笔 _ 雏菊 .jpg",利用"快速选择工具"选取中间的花朵,如图 3-55 所示。

图3-54 追加画笔–绘制玫瑰          图3-55 自定义画笔–选取花朵

◆ Step 05:单击菜单栏中的"编辑",在下拉列表中选择"定义画笔预设",在弹出的对话框中,将画笔名称更改为"雏菊",并单击"确定"按钮,如图 3-56 所示。

◆ Step 06:选择文件"自定义画笔 _ 女孩 .jpg",然后选择"画笔工具",在"画笔预设"中选择上一步设置好的画笔笔刷,如图 3-57 所示。

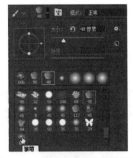

图3-56 自定义画笔-更改画笔名称        图3-57 自定义画笔-选择笔刷

◆ Step 07：设置合适的画笔大小及前景色，在"花朵"图层上单击，添加一朵雏菊，如图 3-58 所示。

◆ Step 08：不断改变前景色和画笔大小，并在图像上单击以添加更多的"雏菊"。当得到满意的效果后，按【Ctrl】+【D】组合键取消选择，最终效果如图 3-59 所示。

图3-58 自定义画笔-添加雏菊        图3-59 自定义画笔-最终效果

## 3.3 历史记录工具

### 3.3.1 历史记录画笔工具

历史记录画笔工具可以将图像某一个状态或快照复制下来，并绘制到当前画面中，以还原前期某一状态下的效果。运用"历史记录画笔工具"的具体操作步骤如下。

◆ Step 01：打开素材文件"历史记录画笔工具 .jpg"，如图 3-60 所示。

◆ Step 02：单击"图像"→"调整"→"色相 / 饱和度"命令，在弹出的对话框中将"色相"改成"+40"、饱和度改成"+30"，得到如图 3-61 所示效果。

图3-60 历史记录画笔工具-原图        图3-61 历史记录画笔工具-变色

◆ Step 03：单击"图像"→"调整"→"去色"命令，得到如图 3-62 所示效果。

◆ Step 04：单击"窗口"→"历史记录"命令，打开"历史记录"面板，如图 3-63 所示。

◆ Step 05：在工具栏中选择"历史记录画笔工具"，在"历史记录"面板中设置历史记录画笔源，如图 3-64 所示。

 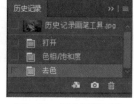 

图3-62　历史记录画笔工具-去色　　　图3-63　历史记录面板　　　图3-64　设置历史记录画笔源

◆ Step 06：设置好笔刷（这里选择笔刷大小为 40 像素、硬度为 0%）后，在花朵部分进行涂抹，在涂抹过程中可以适时调整笔刷大小，花朵部分恢复成调整"色相 / 饱和度"时的色彩效果，如图 3-65 所示。如果在"历史记录"面板中将"打开"设置为历史记录画笔源，并执行同样的涂抹操作，则可以把花朵恢复成初始时的色彩效果，如图 3-66 所示。

图3-65　部分恢复色彩　　　　　　　图3-66　恢复为初始色彩

### 3.3.2　历史记录艺术画笔工具

历史记录艺术画笔工具也可以将涂抹区域恢复至之前编辑过程中的某一状态。与历史记录画笔工具不同的是，该工具以风格化描边进行绘画。通过设置画笔的绘画样式、笔触大小，用不同的色彩和艺术风格模拟绘画纹理，创建出不同艺术风格的绘画效果。

历史记录艺术画笔工具的属性大部分跟画笔的属性一样，其中有以下 3 个属性不同。

◎　样式：控制绘画描边的形状。

◎　区域：指定绘画描边时覆盖的区域，参数越大，覆盖区域就越大，描边的数量也就越多。

◎　容差：调整画笔笔触应用的间隔范围，较低容差值将沿着图像明显的边界绘制描边的效果，较高的容差值将限定在较亮的颜色区域绘制描边的效果。

下面介绍历史记录艺术画笔工具可以产生的效果，具体操作步骤如下。

◆ Step 01：打开素材文件"历史记录艺术画笔 .jpg"，新建一个图层，如图 3-67 所示。

◆ Step 02：选中新建的图层，右键单击"历史记录画笔工具"，在弹出的工具组中选择"历史记录艺术画笔工具"，如图 3-68 所示。

图3-67　历史记录艺术画笔–新建图层

图3-68　选择"历史记录艺术画笔工具"

◆ Step 03：在属性栏中，将"样式"设置为"绷紧短"，其他属性为默认值。然后在花朵上进行涂抹，效果如图 3-69 所示。

图3-69　"绷紧短"效果

◆ Step 04：设置成不同的样式，可以得到不同的艺术效果，如图 3-70 所示。

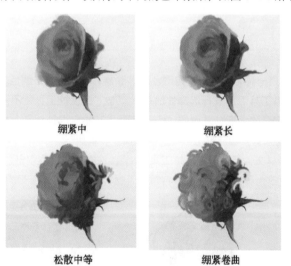

绷紧中　　　　　　　　　　　　绷紧长

松散中等　　　　　　　　　　　绷紧卷曲

图3-70　不同样式下的效果

# 3.4　橡皮擦工具组

橡皮擦工具组中的工具可更改图像中的像素，如果直接在背景上使用，就相当于使用画笔用背景色在背景上作画。橡皮擦工具组中包含 3 个工具，分别为"橡皮擦"工具、"背景橡皮擦"工具、"魔术橡皮擦"工具。

### 3.4.1　橡皮擦工具

"橡皮擦工具"可将像素更改为背景色或透明。如果在背景中或已锁定透明度的图层中使用，像素将被更改为背景色；否则，像素将被更改为透明。运用"橡皮擦工具"的具体操作步骤如下。

◆ Step 01：打开素材文件"橡皮擦工具 .jpg"，如图 3–71 所示。
◆ Step 02：在工具箱中选择橡皮擦工具，在属性栏中选择"模式"为"画笔"，然后设置画笔大小为 "150 像素"。
◆ Step 03：设置背景色为白色（R255，G255，B255），在要擦除的地方进行涂抹，完成后的效果如图 3–72 所示。

图3–71　橡皮擦工具素材　　　　　　图3–72　橡皮擦工具–完成后的效果

### 3.4.2　背景橡皮擦工具

"背景橡皮擦工具"是一种可以擦除指定颜色的擦除器，这里的指定颜色叫标本色，即背景色。也就是说，使用背景橡皮擦工具可以进行选择性的擦除。与"橡皮擦工具"不同，背景橡皮擦工具的光标是一个中间有"十"字形的大圆，其中的"十"字形用来指定谁是背景，那么外层圆圈覆盖的地方就是要擦除的范围。运用"背景橡皮擦工具"的具体操作步骤如下。

◆ Step 01：打开素材文件"背景橡皮擦工具 .jpg"，在图层面板中双击"背景"图层，将"背景"图层更改为普通图层并重命名为"人物"，如图 3–73 所示。

图3–73　背景橡皮擦–更改并重命名"背景"图层

◆ Step 02 : 右键单击"橡皮擦工具",在弹出的工具组中选择"背景橡皮擦工具",如图 3-74 所示。

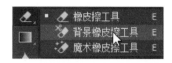

图3-74　选择"背景橡皮擦工具"

◆ Step 03 : 在属性栏中设置"背景橡皮擦工具"笔刷大小为"150 像素"、硬度为"100%"。将光标移到人物左手附近,当光标中间的十字位于左手旁背景时,单击鼠标左键,擦除效果如图 3-75 左图所示;当光标中间的十字位于左手上时,单击鼠标左键,擦除效果如图 3-75 右图所示。由此可见,在进行擦除时,一定要注意光标十字所在的位置。

光标十字位于背景　　　　　　　光标十字位于人物手上

图3-75　光标十字所在不同位置的擦除效果

◆ Step 04 : 在"历史记录"面板中撤销上一步的操作。运用"背景橡皮擦工具"先擦除人物头部以下身体附近的背景,如图 3-76 所示。当擦除人物右手左边三角形区域的背景时,由于"容差"为默认值"50%",单击鼠标左键会擦除人物右手掌的部分像素。这时,可以利用选择工具(如"多边形套索工具")建立选区,从而限制擦除范围;或者当降低容差值后(如降低为 10%),再去擦除该部分。

◆ Step 05 : 运用"多边形套索工具"创建图 3-77 所示大致选区(主要选中有背景的头发丝部分)。

图3-76　擦除身体附近的背景　　　　　　　図3-77　选中头发丝部分

◆ Step 06 : 选择"背景橡皮擦工具",在属性栏中设置"限制"属性为"不连续",然后放大笔刷,使光标中间的十字位于头发附近的背景上,且光标圆圈能够覆盖头发丝中间缝隙的背景,根据实际情况增大或者减小容差值,在头发附近的背景上单击鼠标左键,擦除头发附近及中间缝隙的背景,得到如图 3-78 所示效果。

◆ Step 07 : 运用"多边形套索工具"选中其他背景并删除,按【Ctrl】+【Delete】组合键取消选区,得到如图 3-79 所示效果。

◆ Step 08 : 新建图层,填充为洋红色,并将该图层移到人物图层的下方,得到如图 3-80 所示效果。

◆ Step 09 : 选中"人物"图层,在按住【Ctrl】键的同时单击图层缩略图,建立选区。选择任一选择工具，在属性栏中单击"选择并遮住…"，弹出"属性"面板，在"全局调整"中调整对比度，使抠图效果更佳。然后在"输出设置"中选择输出为"图层蒙版"，并单击"确定"按钮，最终效果如图 3-81 所示。

图3-78 擦除头发附近及中间缝隙背景的效果

图3-79 删除剩余背景的效果

图3-80 新建图层的效果

图3-81 背景橡皮擦工具-最终效果

A. 若颜色范围需要精细调整，在擦除背景色的同时就会擦掉人物某一部位的颜色，这时需要调小容差，并缩小笔触。

B. 发丝中间的小缝隙不好擦，可以放大。如果放大还是不好擦，则可以在擦除之前选择"不连续"，这样只要是被圆圈光标覆盖的区域都会被擦除。

C. "背景橡皮擦工具"更适用于背景与保留的颜色对比较大的情况，否则就不适用，还需要结合其他的抠图方法。

小提示

### 3.4.3 魔术橡皮擦工具

用"魔术橡皮擦工具"在图层中单击时，会将所有相似的像素更改为透明。如果在已锁定透明度的图层中使用，这些像素将被更改为背景色；如果在背景中使用，则"背景"图层将被更改为普通图层，且所有相似的像素都将被更改为透明。与"橡皮擦工具"不同的是，"魔术橡皮擦工具"可以根据属性栏中设置的容差值，将与单击点相似颜色的像素擦除。运用"魔术橡皮擦工具"的具体操作步骤如下。

◆ Step 01：打开素材文件"魔术橡皮擦工具 .jpg"，右键单击橡皮擦工具，在弹出的工具组中选择"魔术橡皮擦工具"，如图 3-82 所示。

◆ Step 02：如图 3-83 所示，在"魔术橡皮擦工具"的属性栏中设置的容差值越大，擦除的范围就越大。

◆ Step 03：设置容差值为"60"，连续单击蓝色背景的不同部分，擦除完成后的效果如图 3-84 所示。

图3-82 魔术橡皮擦工具-打开素材

原图　　　　　　容差为20　　　　　　容差为60

图3-83 不同容差的擦除效果

图3-84 魔术橡皮擦工具-擦除完成后的效果

# 3.5 修饰工具组

### 3.5.1 污点修复画笔工具

"污点修复画笔工具"可以快速移除图像中的污点和其他不理想的部分。该工具使用图像和图案中的样本像素进行修复，并将样本像素的纹理、光照、透明度与所修复的像素相匹配。与"仿制图章工具"和"修复画笔工具"不同的是，"污点修复画笔工具"不要求用户指定样本点，而是自动从所修饰区域的周围取样。下面详细介绍该工具的使用，其具体操作步骤如下。

◆ Step 01：打开素材文件"污点修复画笔工具 .jpg"，可以看到素材作为背景图层存在于图层面板中。

◆ Step 02：按住【Alt】键，将背景图层拖曳到图层面板底部的新建图层按钮上，可以在新建图层副本之前，调出"图层设置"面板，如图 3-85 所示。设置图层副本名称为"痘痕修复"，然后单击"确定"按钮关闭"图层设置"面板。此时图层面板中，新建的"痘痕修复"图层在原始人像图层的上方，并且处于选中状态，如图 3-86 所示。这样，后续的操作就会对"痘痕修复"图层起作用，而不会改变原始图层。

图3-85　"图层设置"面板

图3-86　新建图层

◆ Step 03：在工具栏中选择"污点修复画笔工具" ，将属性栏中的修复模式设置为"内容识别"，如图 3-87 所示。

图3-87　"污点修复画笔工具"属性栏

◆ Step 04：运用"污点修复画笔工具"单击痘痕位置，可以用痘痕位置周围的图像替换痘痕图像。比如人像前额有个比较大的红点，这里就需要通过设置画笔大小来控制修复范围以及取样范围，按【键和】键可以快速调整画笔大小。图 3-88 左图所示画笔直径大小刚好能覆盖住红点。此时对着红点位置单击，Photoshop 就会在红点周围计算寻找理想的皮肤纹理以替换红点，并且调整好红点与周围颜色的过渡，让皮肤整体看起来毫无破绽，如图 3-88 右图所示。

图3-88　修复痘痕

◆ Step 05：人像中其他的痘痕斑点同样可运用"污点修复画笔工具"单击修复，只要调整好画笔大小，使其刚好能够覆盖住红点，然后单击即可。痘痕修复前后的效果对比如图 3-89 所示。

图3-89　痘痕修复前后的效果对比

### 3.5.2　修复画笔工具

"修复画笔工具"可用于校正图像中的瑕疵，使它们消失在周围的环境中。与"仿制图章工具"一样，"修复画笔工具"可以利用图像或图案中的样本像素来绘画；不同的是，"修复画笔工具"可将样本像素的纹理、光照、透明度和阴影等与源像素相匹配，从而使修复后的像素不留痕迹地融入图像中的其余部分。运用"修复画笔工具"的具体操作步骤如下。

◆ Step 01：打开素材文件"修复画笔工具 .jpg"，复制背景图层，并将新图层命名为"去除雀斑"，如图 3-90 所示。

◆ Step 02：选中"去除雀斑"图层，右键单击"污点修复画笔工具"，在弹出的工具组中选择"修复画笔工具"，如图 3-91 所示。

图3-90　修复画笔工具-复制图层

图3-91　选择"修复画笔工具"

◆ Step 03：在属性栏中设置好画笔，按住【Alt】键，待鼠标指针变成 ▧ 形状时，在人物脸部无雀斑的地方单击取样，如图 3-92 所示。松开【Alt】键，按住鼠标左键，在雀斑处单击或者涂抹。

◆ Step 04：不断地取样，并在有雀斑的地方进行单击或者涂抹操作，直到将所有雀斑去除，最终效果如图 3-93 所示。

图3-92　修复画笔工具-取样

图3-93　修复画笔工具-最终效果

### 3.5.3　修补工具

"修补工具"是对"修复画笔工具"的一个补充。"修复画笔工具"是使用画笔来修复图像的，"修补工具"则是通过选区来修复图像。同"修复画笔工具"一样，"修补工具"也可以将样本像素的纹理、光照和阴影等与源像素相匹配，还可以用来仿制图像的隔离区域。运用"修补工具"的具体操作步骤如下。

◆ Step 01：打开素材文件"修补工具 .jpg"，复制背景图层，并将新图层命名为"去除水印"，如图 3-94 所示。

◆ Step 02：选中"去除水印"图层，右键单击"污点修复画笔工具"，在弹出的工具组中选择"修补工具"，如图 3-95 所示。

图3-94    修补工具-复制图层

图3-95    选择"修补工具"

◆ Step 03：对图像左下角的水印部分创建选区，如图 3-96 所示。然后按住鼠标左键移动选区，在合适的位置（无水印部分可以覆盖选中部分的位置）释放，如图 3-97 所示。按【Ctrl】+【D】组合键取消选择即可。

◆ Step 04：用同样的方法去除图像右下角的水印，最终效果如图 3-98 所示。

图3-96    修补工具-创建选区        图3-97    修补工具-移动选区        图3-98    修补工具-最终效果

小提示

"修补工具"虽然简单，但在应用过程中要注意以下几点。

A. 在修补污点时，要尽量圈选出和污点差不多大小的范围，太大容易把细节修丢，太小又容易把图像修花。

B. 在选择能覆盖所圈选污点范围的像素时，尽量在离要遮盖的污点不远的地方选择和选区中颜色相近的像素，太深容易有痕迹，太浅容易形成局部亮点。

C. 在圈选选区时，尽量不要把亮暗对比强烈的像素圈进一个大选区，最好细致一点，分开修饰。对于明暗交界线上的污点，尽量寻找同处明暗交界地方的像素进行覆盖，否则容易把光感修丢。

### 3.5.4    红眼工具

"红眼工具"可去除用闪光灯拍摄的人物照片中的红眼以及动物照片中的白色或绿色反光。运用"红眼工具"的具体操作步骤如下。

◆ Step 01：打开素材文件"红眼工具 .jpg"，复制背景图层，并将新图层命名为"去除红眼"，如图 3-99 所示。

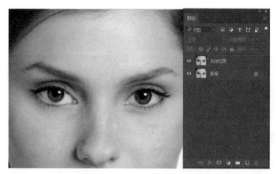

图3-99　红眼工具-复制图层

◆ Step 02：右键单击"污点修复画笔工具"，在弹出的工具组中选择"红眼工具"，如图 3-100 所示。

◆ Step 03：在图像上单击人物的眼睛，系统会自动进行修复，最终效果如图 3-101 所示。

图3-100　选择"红眼工具"

图3-101　红眼工具-最终效果

### 3.5.5　仿制图章工具

"仿制图章工具"可以在图像中复制信息，然后应用到图像的其他区域或者其他图像中，常用于去除图像中的缺陷或者复制对象。运用"仿制图章工具"的具体操作步骤如下。

◆ Step 01：打开素材文件"仿制图章工具 .jpg"，复制背景图层，并将新图层命名为"去除物体"，如图 3-102 所示。

图3-102　仿制图章工具-复制图层

◆ Step 02：选中"去除物体"图层后，在工具箱中选择"仿制图章工具" 🖳，设置画笔笔刷大小为"15像素"、硬度为"0%"，将属性栏中的"不透明度""流量"都设置为"100%"，并勾选"对齐"复选框，"样本来源"选择"当前图层"。按住【Alt】键，鼠标指针会变成 ⊕ 形状，此时单击黑色小马附近的草地进行取样，如图 3-103 所示。

◆ Step 03：松开【Alt】键，在小黑马处单击或涂抹。注意，为了使修图效果更好，可以按需要调整笔刷的大小，并不断更改取样方式，去除小黑马效果如图 3–104 所示。

图3-103　仿制图章工具-取样

图3-104　去除小黑马效果

◆ Step 04：新建一个图层，将其命名为"克隆物体"，然后选中。在属性栏中设置好笔刷的大小后（笔刷的设置可与 Step 02 中一样），将样本改成"当前和下方图层"，如图 3–105 所示。

图3-105　更改样本

◆ Step 05：按住【Alt】键，单击卧在草地上的动物的右耳进行取样。然后在其附近进行涂抹，直到出现整个动物，效果如图 3–106 所示。

图3-106　复制动物效果

### 3.5.6　图案图章工具

通过"图案图章工具"，用户不仅可以利用图案进行绘画，还可以在图案库中选择图案或者自己创建图案。运用"图案图章"工具的具体操作步骤如下。

◆ Step 01：打开素材文件"图案图章工具 .jpg"，使用选择工具创建选区，如图 3–107 所示。

◆ Step 02：打开素材文件"图案图章工具 _ 花 .jpg"，单击菜单栏中的"编辑"，在下拉列表中选择"定义图案"，接着在弹出的对话框中将图案命名为"花"。

◆ Step 03：选择文件"图案图章工具"后，新建一个图层，

图3-107　图案图章工具-创建选区

并命名为"新背景"。

◆ Step 04：选中图层"新背景"，在工具栏中右键单击"仿制图章工具"，在弹出的工具组中选择"图案图章工具"，如图 3-108 所示。

◆ Step 05：在属性栏中，设置画笔的笔刷大小为"100 像素"、硬度为"0%"，图案选择 Step02 中定义好的"花"，如图 3-109 所示。

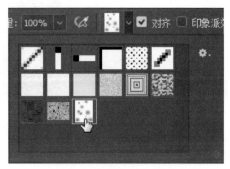

图3-108　选择"图案图章工具"　　　　图3-109　图案图章工具-选择图案

◆ Step 06：在"新背景"图层上涂抹，直到图案填充整个选区，按【Ctrl】+【D】组合键取消选择，换背景效果如图 3-110 所示。

图3-110　图案图章工具-换背景效果

# 3.6　编辑工具

## 3.6.1　模糊工具与锐化工具

"模糊工具"可以柔化图像中突出的色彩和较硬的边缘，使图像中的各色彩过渡平滑，从而达到模糊图像的效果。"模糊工具"一般用于对图像的局部进行处理，可以制作具有景深效果的图片。运用"模糊工具"的具体操作步骤如下。

◆ Step 01：打开素材文件"模糊工具 .jpg"，复制背景图层，并将新图层命名为"模糊背景"，如图 3-111 所示。

◆ Step 02：选择"模糊工具"，在其属性栏中设置画笔的笔刷大小为"200 像素"、硬度为"0%"、模糊强度为"100%"，将鼠标指针移至图像上除瓢虫以外的背景部分单击或涂抹数次，模糊背景效果如图 3-112 所示。将背景模糊虚化后，瓢虫的主体地位更突出。

图3-111　模糊工具-复制图层　　　　　　　　　　图3-112　模糊背景效果

"锐化工具"的操作和模糊工具相反，它能增加相邻像素的对比度，锐化模糊的边缘，使图像聚焦，增加清晰度。运用"锐化工具"的具体操作步骤如下。

◆ Step 01：打开素材文件"锐化工具 .jpg"，复制背景图层，并将新图层命名为"锐化效果"，如图 3-113 所示。

◆ Step 02：右键单击"模糊工具"，在弹出的工具组中选择"锐化工具"，在属性栏中设置画笔的笔刷大小为"70 像素"，将鼠标指针移至图像上需要变清晰的地方单击或涂抹。在涂抹的过程中，可以适当调整画笔的笔刷大小。锐化效果如图 3-114 所示，可以看到花瓣的纹理比原图更清晰。

图3-113　锐化工具-复制图层　　　　　　　　　图3-114　锐化效果

　　　　　"锐化工具"并不能使图像达到完全清晰的程度，因此不能和"模糊工具"作为互补工具来使用。什么叫互补呢？比如太模糊了，就锐化一些。这种操作是不可取的，不仅达不到所要的效果，反而会严重破坏图像。

**小提示**

### 3.6.2　减淡与加深工具

　　减淡与加深工具是修饰图像的工具，基于调节照片特定区域曝光度的传统摄影技术，使图像变亮或者变暗。在减淡与加深工具的属性栏中（包括"阴影""中间调""高光"项），可以对不同色调的区域进行曝光度的调节。这两个工具的曝光度数值设置得越大，则效果越明显。如果开启喷枪方式，则在一处停留时会具有持续性效果。

运用减淡与加深工具的具体操作步骤如下。

◆ Step 01：打开素材文件"减淡与加深工具.jpg"，复制背景图层，并将新图层命名为"减淡与加深"，如图 3-115 所示。

图3-115　减淡与加深工具-复制图层

◆ Step 02：选择"减淡工具"，在属性栏中设置画笔的笔刷大小为"65 像素"、硬度为"0%"，范围为"高光"，曝光度为"40%"，再在图像第二排中间的草莓上涂抹，效果如图 3-116 所示，可以看到该草莓变亮了。

◆ Step 03：右键单击"减淡工具"，在弹出的工具组中选择"加深工具"，在属性栏中设置画笔的笔刷大小为"65 像素"、硬度为"0%"，范围为"高光"，曝光度为"50%"，再在图像第二排右边的草莓上涂抹，效果如图 3-117 所示，可以看到该草莓变暗了。

图3-116　减淡变亮

图3-117　加深变暗

### 3.6.3　涂抹工具

"涂抹工具"能实现在模拟画面还没干的情况下，使用手指在画面上进行涂抹的效果。

"涂抹工具"属性栏中的选项与模糊工具基本相同。唯一不同的是，"涂抹工具"中有"手指绘画"复选框，勾选此复选框，用前景色在图像中进行涂抹；不勾选此复选框，则只对拖动图像处的色彩进行涂抹。运用"涂抹工具"的具体操作步骤如下。

◆ Step 01：打开素材文件"涂抹工具.jpg"，复制背景图层，并将新图层命名为"涂抹效果"，如图 3-118 所示。

◆ Step 02：右键单击"模糊工具"，在弹出的工具组中选择"涂抹工具"，在属性栏中设置画笔的笔刷大小为"60 像素"。将鼠标指针移至图像中的倒影部分，沿着水平方向来回涂抹，效果如图 3-119 所示。

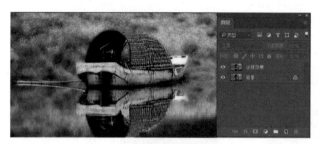

图3-118　涂抹工具-复制图层

图3-119　涂抹效果

### 3.6.4　海绵工具

"海绵工具"的作用是改变局部的色彩饱和度，如降低饱和度（去色）或提高饱和度（加色）。如果开启喷枪方式，则在一处停留时具有持续性效果。

运用"海绵工具"的具体操作步骤如下。

◆ Step 01：打开素材文件"海绵工具 .jpg"，复制背景图层，并将新图层命名为"去色加色效果"，如图 3-120 所示。

图3-120　海绵工具-复制图层

◆ Step 02：右键单击"减淡工具"，在弹出的工具组中选择"海绵工具"，在属性栏中设置画笔的笔刷大小为"60 像素"，模式选择"去色"，启用"喷枪"样式效果，将鼠标指针移至图像最上面的橙子上进行多次涂抹。在涂抹的过程中,该橙子的色彩饱和度逐渐降低,去色效果如图 3-121 所示。

◆ Step 03：在属性栏中更改模式为"加色"，对图像中下面中间的两个橙子进行多次涂抹。在涂抹的过程中，这两个橙子的色彩饱和度逐渐提高，加色效果如图 3-122 所示。

图3-121　海绵工具-去色效果

图3-122　海绵工具-加色效果

# 3.7 真题实例

1. 题目要求

打开"550632.psd"和"550632a.jpg"，按照以下要求完成操作。

（1）利用自定义形状工具"雨滴"绘制图 3-123 所示雨滴图案，并定义为画笔预设。

（2）使用渐变绘制背景，并添加大小不一的雨滴。

（3）将完成的作品保存为 result.jpg 格式。

图3-123　雨滴图案

2. 操作步骤

◆ Step 01：打开"550632.psd"，设置前景色为"#00baff"（颜色接近即可），选择"渐变工具"，在属性栏中选择渐变样本为"前景色到背景色渐变"、渐变方式为"线性渐变"，如图 3-124 所示。

◆ Step 02：按住鼠标左键，在背景图层上从右上角向左下角方向拖曳一定距离，松开后，得到图 3-125 所示渐变背景。

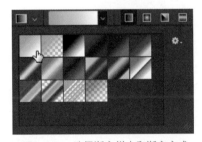

图3-124　选择渐变样本和渐变方式

图3-125　渐变背景

◆ Step 03：打开"550632a.jpg"，选择"魔棒工具"，在属性栏中将容差设置为"32"，勾选"连续"，并选择"添加到选区"，在图像的白色背景部分单击（注意猫和雨伞之间的白色背景也要选中）创建选区，如图 3-126 所示。

◆ Step 04：单击"选择"菜单，在弹出的下拉列表中选择"反选"，选中图像的主体（猫和雨伞）。然后单击"编辑"→"复制"命令，再选择文件"550632.psd"，并单击"编辑"→"粘贴"命令，此时在"550632.psd"中就多了一个"图层 1"。接着按【Ctrl】+【T】组合键，对"图层 1"上带雨伞的猫进行自由变换，缩小到合适大小，并移动到合适位置，即得到图 3-127 所示效果。

图3-126　选择图像背景

图3-127　添加带雨伞的猫

◆ Step 05：右键单击"矩形工具"，在弹出的工具组中选择"自定义形状工具"，在属性栏中追加"自然"组形状，然后选择名为"雨滴"的形状，绘制方式选择"像素"，设置前景色为黑色，新建"图层 2"，并在该图层上绘制一个雨滴形状。

◆ Step 06：选择"吸管工具"，并选择上一步绘制的雨滴形状，然后单击"编辑"→"定义画笔预设"命令，将绘制好的雨滴形状定义为名为"雨滴"的画笔。

◆ Step 07：按【Delete】键删除前面绘制的黑色雨滴,按【Ctrl】+【D】组合键取消选择。选择"画笔工具"，设置前景色为白色，将笔刷设置为上一步定义的"雨滴"。打开"画笔"面板，在"画笔笔尖形状"选项中设置笔刷大小为"25 像素"，间距为"200"，然后勾选"形状动态"，设置"大小抖动"为"80%"；再勾选"散布"，设置散布值为"500%"。在属性栏中设置"不透明度"为"75%"，在"图层 2"上按住鼠标左键任意拖曳绘制雨滴，必要时可以适当增大或减小笔刷大小，最终效果如图 3-128 所示。注意，画笔各属性参数值的设置可以自定义，只要能得到分散的大小随机的雨滴图案即可。

图3-128　最终效果

◆ Step 08：按要求保存文件。

## 3.8　知识能力测试

一、选择题

1. 使用图章工具在图像中取样的方法是（　　　）。

　　A. 在取样位置单击鼠标并拖曳

    B.　按住 Shift 键的同时单击取样位置选择多个取样像素

    C.　按住 Alt 键的同时单击取样位置

    D.　按住 Ctrl 键的同时单击取样位置

2.　下面对渐变填充工具功能的描述不正确的是（　　　）。

    A.　如果在不创建选区的情况下填充渐变色，渐变工具将作用于整个图像

    B.　在 Photoshop 中共有 3 种渐变类型

    C.　可以任意定义和编辑渐变色，不管是两色、三色还是多色

    D.　可以将设定好的渐变色存储为一个渐变色文件

3.　使用鼠标不能通过画笔绘制出（　　　）。

    A.　笔画从粗到细的渐隐效果

    B.　笔画随机散布在鼠标轨迹附近的效果

    C.　笔画根据压力粗细变化的书法效果

    D.　画笔角度随机变化的艺术效果

4.　当编辑图像时，使用减淡工具可以达到的目的是（　　　）。

    A.　使图像中某些区域变暗　　　　　　　　B.　删除图像中的某些像素

    C.　使图像中某些区域变亮　　　　　　　　D.　使图像中某些区域的饱和度增加

5.　历史记录画笔用于（　　　）。

    A.　还原图像某个部分的初始状态

    B.　还原图像某个部分的历史记录状态

    C.　还原 20 个动作以内的历史记录状态

    D.　还原上一步

6.　下面（　　　）工具的选项调板有"容差"的设定。

    A.　橡皮　　　　　　B.　油漆桶　　　　　　C.　画笔　　　　　　D.　仿制图章

7.　在橡皮工具中，（　　　）选项是不能调节橡皮的大小的。

    A.　块　　　　　　　B.　铅笔　　　　　　C.　画笔　　　　　　D.　喷枪

8.　下面对背景色橡皮擦工具与魔术橡皮擦工具描述错误的是（　　　）。

    A.　背景色橡皮擦工具与魔术橡皮擦工具使用方法基本相似，都可以将图像像素擦除变成透明
像素

    B.　魔术橡皮擦工具可根据颜色近似程度来确定将图像擦到透明的程度

    C.　魔术橡皮擦工具属性栏中的"容差"选项在执行后只擦除图像连续的部分

    D.　背景色橡皮擦工具属性栏中的"容差"选项是用来控制擦除颜色的范围的

9.　下面选项对模糊工具功能的描述正确的是（　　　）。

    A.　模糊工具只能使图像的一部分边缘模糊

    B.　模糊工具的压力是不能调整的

    C.　模糊工具可降低相邻像素的对比度

    D.　如果在有图层的图像上使用模糊工具，只有所选中的图层才会起变化

10.　编辑图像时，使用加深工具是为了（　　　）。

    A.　使图像中某些区域的饱和度提高

    B.　删除图像中的某些像素

C. 使图像中某些区域变暗

D. 使图像中某些区域变亮

二、操作题

1. 打开 1.jpg，制作出一个断桥的效果，如图 3-129 所示。

图3-129　操作题1效果图

2. 新建一个 500 像素 ×600 像素的文件，利用渐变工具和画笔工具制作图 3-130 所示效果。

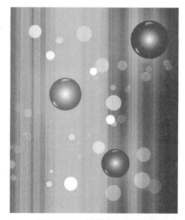

图3-130　操作题2效果图

3. 打开 2.jpg，去除图中的 logo 水印，加深局部花朵颜色并虚化背景，效果如图 3-131 所示。

图3-131　操作题3效果图

Chapter

# 4

## 第4章
## 图像的色彩调整

　　图像的色彩调整是图像设计过程中非常重要的一环，正确运用这一功能可以使黯淡图像明亮绚丽，使毫无特色的图像充满活力。而 Photoshop 强大的图像调整功能是其开发最初就有的核心功能之一，也是其他众多平面图像处理软件所不能比拟的。有许多设计师在使用其他软件绘制图像后，还会使用 Photoshop 进行图像最终效果的调整。

　　在进行图像处理时，经常需要调整图像的颜色，如色相、饱和度或明暗度等，Photoshop 就提供了大量的色彩调整和色彩平衡命令，本章将对这些命令分别进行介绍。

# 4.1　色彩调整的原理

## 4.1.1　直方图分析基础

直方图又称质量分布图、柱状图，以一系列高度不等的纵向条纹表示数据分布的情况，是展示资料变化情况的一种主要工具。在 Photoshop 中，直方图可以用于统计每个灰度级的像素数量，比如灰度图，如图 4-1 所示。

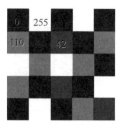

图4-1　灰度图

在这个灰度图中，假设每个矩形就是一个像素点，则图像中共有 25 个像素，具体为：0 级亮度像素 10 个、42 级亮度像素 3 个、110 级亮度像素 6 个、255 级亮度像素 6 个。若用直方图展示其信息分布，就会形成图 4-2 所示效果。其中，纵轴（$y$）表示颜色的像素数量，横轴（$x$）表示灰度级别。

当然，在 Photoshop 中，真实的直方图为图 4-3 所示效果。如果按住鼠标左键单击直方图上面的柱状图案，在直方图信息面板的右下角就会出现对应的数据，包括该颜色色阶像素点的个数等信息。

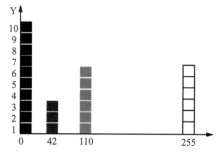

图4-2　模拟直方图

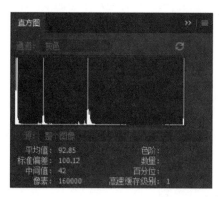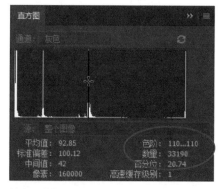

图4-3　直方图效果及数据

在 Photoshop 中，横轴表示亮度值（0 ~ 255），共 256 个灰度级别，其中 0 表示最暗（黑色）、255 表示最亮（白色）；纵轴表示每种像素的数量。由上例可知，直方图适用于各行各业，它可以将用户需要统计的目标资料的规则解析出来。对于图像而言，能比较直观地看出像素的分布状况，便于判断图像总体情况，从而为更合理地处理图像提供数据依据。

那么，为什么我们还需要了解图像的直方图呢？

在处理照片时，首先要做的就是对照片进行审视，然后就是决定怎么调整。当我们用眼睛看照片时，经常会对照片进行主观认定，觉得其效果显而易见。但我们的眼睛会影响我们对图片的感受，让我们不能做出正确的判断。视觉误差的例子比比皆是，如著名的埃冰斯幻觉，两个图像的中心圆球看起来大小不同，但实际上它们的面积是一样的，如图 4-4 所示。

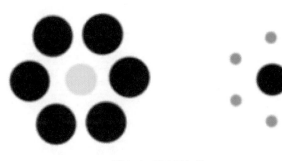

图4-4　埃冰斯幻觉

如图 4-5 所示，这是三张效果不同的渐变图。

图4-5　三张渐变图

虽然这三张图像的效果完全不一样，但是直方图却非常相似，如图 4-6 所示。

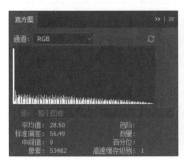 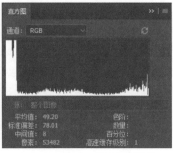 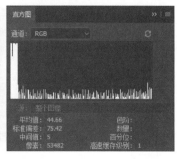

图4-6　三张直方图

　　由此可知，直方图是关于图像中像素和亮度级别的统计图。通过对直方图进行观察，人们能够理性地分析图像并有目标地加以调整，而不易被图像本身的内容所迷惑。直方图用图形表示图像的每个亮度级别的像素数量，展示像素在图像中的分布状况。例如，在进行医学影像分析时，使用计算机对图像进行数据分析的案例更多，也更为精确。

　　在图像设计中，直方图提供了图像色调范围或图像基本色调类型的快速浏览图。低色调图像的细节集中在阴影处，高色调图像的细节集中在高光处，而平均色调图像的细节集中在中间调处。全色调范围的图像在所有区域都有大量的像素。因此，识别色调范围有助于确定相应的色调校正。下面先来看看图像标准的直方图应该是什么样子的。

　　图 4-7 所示为一张优秀图像的直方图，色阶无断层地分布在 0 ~ 255 级别中，并且黑白场无溢出。从像素的亮度分布来说，此直方图中的色阶分布合理，从图像中可以看出各个细节都很有层次，且对比合适。

图4-7　风景图

同理，若一幅图像的直方图出现了下列任一特征，都可以推断出该图像质量差，存在与数据不对应的问题。

① 高光处溢出，造成亮部细节损失严重，也就是图像中曝光过度的效果。

② 暗部区域溢出严重，造成暗部层次损失严重。

③ 高光及暗部区域都溢出，高光区与暗部信息丢失都很严重，整体对比过大。

④ 暗部与亮部两端无信息分布，图像无白点和黑点，整体发灰。

除以上常见的几种问题外，还存在直方图中一端信息溢出而另一端无信息的现象。当然具体情况要具体分析，在以白背景拍摄时白场溢出是正常的，在以黑背景或在夜景下拍摄时黑场溢出也是正常的。

由上述内容可知，当我们用眼睛无法正确地判断图像时，直方图便提供了一个衡量图像的标尺，让我们能对图像的数据有客观、理性的认识，从而为更好地处理图像打下基础。直方图的作用不仅于此，我们还可以通过比色阶更专业的"直方图面板"来深入分析图像数据信息。

打开"直方图面板"的方法为单击"窗口"→"直方图"命令。

小提示

使用直方图可以客观快速地分析出图像的具体状况，这是计算机对图像进行记录处理的一个信息窗口。同样，通过数学运算的方式来处理数字图像，也可以对其最终效果产生影响，这其实是计算机图像处理的基础。因调整命令的各种数学运算的原理不在本书范围，下面我们仅介绍直方图和各种调整命令的用法。

## 4.1.2　"直方图"面板

打开"直方图"面板，可以看到更多的信息。

默认打开的直方图是"紧凑视图"，能查看到相关数据的是"扩展视图"，如图 4-8 所示。另一个就是最详细的"全部通道视图"方式，它对 RGB 3 个通道对应的直方图都进行了充分展示，如图 4-9 所示。

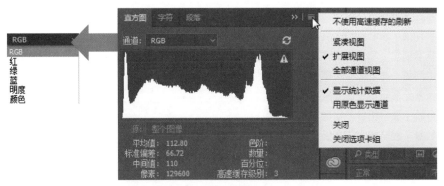

图4-8 直方图面板

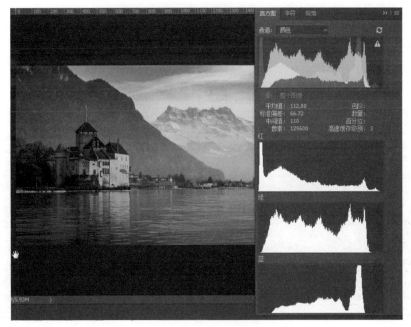

图4-9 全部通道视图

通道各选项及其含义如下。

1. RGB

该选项用以查看所有通道的复合直方图。在 RGB 通道中，显示所有颜色分量的数据都会显示在直方图中，以便观察图片总体的色阶分布。

2. 选取单个通道

在 RGB 图像中，分别选择红、绿、蓝可以观察图像单个通道的颜色分布情况。

3. 明度

选取"明度"可显示一个直方图，该图表示复合通道的亮度或强度。

4. 颜色

选取"颜色"可显示图像中单个颜色通道叠加起来的效果。

面板将在直方图下方显示以下统计信息，如图 4-10 所示。

◎ 平均值：表示平均亮度值。

◎ 标准偏差：表示亮度值的变化范围。

◎ 中间值：显示亮度值范围内的中间值。

◎ 像素：表示用于计算直方图的像素总数。

◎ 色阶：显示指针下面区域的亮度级别。

◎ 数量：表示相当于指针下面亮度级别的像素总数。

◎ 百分位：显示指针所指级别或该级别以下的像素累计数。该值以图像中所有像素的百分数的形式来表示，从最左侧的 0% 到最右侧的 100%。

◎ 高速缓存级别：显示当前用于创建直方图的图像的高速缓存。当高速缓存级别大于 1 时，会更加快速地显示直方图。在这种情况下，直方图就源自图像中代表性的像素取样（基于放大率）。原始图像的高速缓存级别为 1。在每个大于 1 的级别上，将会对 4 邻近像素进行平均运算，以得出单一的像素值。因此，每个级别都是它下一个级别尺寸的一半（具有 1/4 的像素数量）。当 Photoshop 快速计算近似值时，会用到其中一个较高的级别。单击"不使用高速缓存的刷新"按钮，即可使用实际的图像图层重绘直方图。

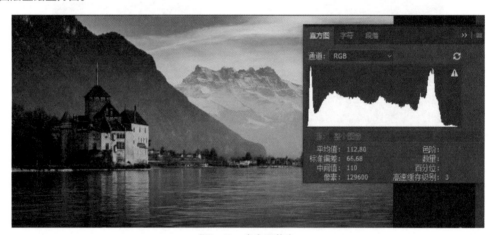

图4-10　直方图信息

通过观察直方图，我们可以确定直方图显示阴影、中间调、高光像素的分布情况，并能根据图片实际情况和各个通道直方图详细情况来判断，从而按我们的目标重新进行像素亮度、色彩分布的调整。

### 4.1.3　色彩调整的注意事项与方法

Photoshop 中有功能强大的工具，可增强、修复和校正图像中的色彩和色调（亮度、暗度和对比度）。在调整色彩和色调之前，需要注意下列事项。

◎ 使用经过校准和配置的显示器。对重要的图像进行编辑，显示器的校准和配置十分关键。否则打印后，图像在不同的显示器上会有所不同。

◎ 尝试使用调整图层来调整图像的色调范围和色彩平衡。使用调整图层，可以返回并进行连续的色调调整，而无须扔掉或永久修改图像图层中的数据。但需注意，使用调整图层会增加图像的文件大小，并且要求计算机有更大的内存。通过访问"调整"面板中的色彩和色调命令，可自动创建调整图层。

◎ 如果不想使用调整图层，可以直接将调整应用于图像图层。但需注意，当对图像图层直接进行色彩或色调的调整时，会丢掉一些图像信息。

◎ 对于一些很重要的作品，为了尽可能多地保留图像数据，最好是使用 16 位 / 通道图像（16 位图像），而不要使用 8 位 / 通道图像（8 位图像）。当进行色彩和色调的调整时，数据将被扔掉。8 位图像中图像信息的损失程度比 16 位图像更严重。通常来说，16 位图像的文件比 8 位图像的文件大。

◎ 复制图像文件。可以通过复制图像文件保留原件，以防后期需要使用原始图像。

◎ 在调整色彩和色调之前，请去除图像中的任何缺陷（如尘斑、污点和划痕）。

◎ 在"扩展视图"中打开"信息"或"直方图"面板。当用户评估和校正图像时，这两个面板上都会显示有关调整的重要反馈信息。

◎ 通过创建选区或者使用蒙版来将色彩和色调的调整限制在图像的一部分区域内。另一种有选择地应用色彩和色调调整的方法是用不同图层上的图像分量来设置文档。色彩和色调的调整一次只能应用于一个图层，且只会影响目标图层上的图像像素。

调整图像的亮度、色彩的分布共有 4 种方法，选择其中一种即可。下面以"黑白"调整为例进行介绍。

◎ 单击"调整"面板中的"黑白"图标 ■，创建"黑白"调整图层。

◎ 单击"图层"→"新建调整图层"→"黑白"命令。在"新建图层"对话框中，输入调整图层的名称，然后单击"确定"按钮。

◎ 在"图层"面板下方单击 ◑ 图标，创建"黑白"调整图层。

◎ 单击"图像"→"调整"→"黑白"命令。注意，运用该方法会对图像图层直接进行调整并丢掉原图像的一些信息。

为了避免描述冗余，本章节后面描述的调整命令仅使用以上其中一种打开方法。

# 4.2　亮度类调整命令

亮度类调整命令主要用于调节图像与色相无关的明暗度、对比度等参数。

## 4.2.1　色阶

"色阶"是指图像中颜色或颜色中某一组成部分的亮度范围。

操作步骤：单击"图像"→"调整"→"色阶"命令，或按【Ctrl】+【L】组合键，弹出"色阶"对话框，如图 4-11 所示。

此图是根据每个亮度值（0 ~ 255）处像素点的多少来划分的，最暗的像素点在左边，最亮的像素点在右边，与直方图相对应。

◎ 通道：右侧的下拉列表中包括了图像要使用的所有色彩模式，以及各种原色通道。例如，图像应用 CMYK 模式，即在该下拉列表中就包含 CMYK、洋红、黄、青色、黑色 5 个通道，在通道中所做的选择将直接影响到该对话框中其他选项的设置。

◎ 输入色阶：用来指定选定图像的最暗处（左边的框）、中间色调（中间的框）、最亮处（右边的框）的数值，改变数值将直接影响到色调分布图 3 个滑块的位置。

◎ 色调分布图：用来显示图像中明、暗色调的分布示意图。在"通道"中选择的颜色通道不同，其分布图的显示也不同。

◎ 输出色阶：在下面的两个文本框中输入数值，可调整图像的亮度和对比度。

◎ 吸管工具：该对话框中有 3 个吸管工具，由左至右依次是"设置黑场"工具、"设置灰点"工具、"设置白场"工具。单击鼠标左键，在图像中以取样点作为图像的最亮点、灰平衡点和最暗点。

◎ 自动：单击该按钮，可自动对图像的色阶进行调整。

色阶的应用非常广泛，其中最主要是调整过于明亮、灰暗或黑暗的图像。如图 4-12 所示，拍摄这张照片时由于镜头朝着阳光，给人以曝光过度的感觉，通过色阶调整暗部的位置，可使图像暗部细节变得丰富。

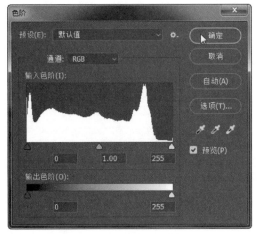

图4-11 "色阶"对话框

图4-12 曝光过度

操作步骤如下。

◆ Step 01：打开"4_11.jpg"。

◆ Step 02：单击"图像"→"调整"→"色阶"命令，打开"色阶"对话框，在其中将暗部的滑块调整至 90 的位置上，完成效果如图 4-13 所示。

图4-13 色阶调整效果

通过调整色阶，图像的直方图趋于正常分布，给人的视觉效果也更好。另外，自动色调等命令也是基于这个原理进行自动调节的。

### 4.2.2　曲线

"曲线"命令是用来调整图像的色彩分布的，和"色阶"命令相似。不同的是，"色阶"命令只能调整亮部、暗部和中间色调；而"曲线"命令将颜色范围分成若干个小方块，每个小方块控制一个亮度层次的变化，不仅可以调整图像的亮部、暗部和中间色调，还可以调整灰阶曲线中的任何一个点。

打开一幅图像，单击"图像"→"调整"→"曲线"命令，或按【Ctrl】+【M】组合键，打开"曲线"对话框，如图 4-14 所示。

水平轴向代表原来的亮度值，类似"色阶"命令中的输入；垂直轴向代表调整后的亮度值，类似"色阶"命令中的输出。曲线图下方有一个切换按钮，单击它可使亮度条两端进行相互转变。将鼠标指针移动到曲线图上，该对话框中的"输入"和"输出"会发生变化。单击图中曲线上的任一位置，会出现一个控制点，拖曳该控制点可以改变图像的色调范围。单击右下方的曲线工具按钮，可以在曲线图中直接绘制曲线；单击铅笔工具按钮，可以在曲线图中绘制自由形状的曲线。

使用"曲线"命令调整图像的明暗度会使图像显得更真实，因此"曲线"命令特别适用于调整户外光线。如图 4-15 所示，可以通过"曲线"命令制作夕阳效果，操作步骤如下。

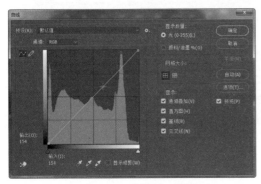

图4-14　"曲线"对话框

图4-15　麦浪

◆ Step 01：打开"4_15.jpg"。

◆ Step 02：单击"图像"→"调整"→"曲线"命令，打开"曲线"对话框，在其中按住鼠标左键向下拖曳线条，完成效果如图 4-16 所示。

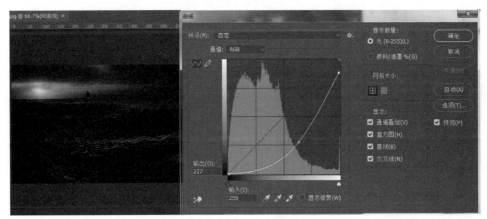

图4-16　使用"曲线"命令制作夕阳效果

图4-17　"亮度/对比度"对话框

### 4.2.3　亮度/对比度

使用"亮度 / 对比度"命令，可以粗略地调整图像的色调范围。

操作步骤：单击"图像"→"调整"→"亮度 / 对比度"命令，打开"亮度 / 对比度"对话框，如图 4-17 所示。在此对话框中，亮度的设定范围是 –150 ～ 150，对比度的设定范围是 –50 ～ 100。

### 4.2.4　曝光度

"曝光度"命令主要用于增加照片的光照效果，对曝光过度的照片调整效果较差。

操作步骤：单击"图像"→"调整"→"曝光度"命令，打开"曝光度"对话框，如图 4-18 所示。在此对话框中，曝光度的设定范围是 –20 ～ 20，位移的设定范围是 –0.5 ～ 0.5。

图4-18　增加曝光度

## 4.3　色彩类调整命令

### 4.3.1　色相/饱和度

使用"色相 / 饱和度"命令不但可以调整整个图像的色相、饱和度和明度，还可以分别调整图像中不同颜色的色相、饱和度和明度，或使图像成为一幅单色调图片。

操作步骤：单击"图像"→"调整"→"色相 / 饱和度"命令，打开"色相 / 饱和度"对话框，如图 4-19 所示。此对话框中各选项及其作用如下。

图4-19　"色相/饱和度"对话框

◎　预设：预设下拉列表中包含 8 个系统自带的调整方案，默认值是无任何调整。

◎　色相：拖动滑块或在数值框中输入数值，即可调整图像的色相。

◎　饱和度：拖动滑块或在数值框中输入数值，即可提高或降低图像的饱和度。

◎　明度：拖动滑块或在数值框中输入数值，即可调整图像的明度，设定范围是 –100 ～ 100。对话框最下面有两个色谱，上面的表示调整前的状态，下面的表示调整后的状态。

◎　着色：勾选该复选框后，可以为图像添加不同程度的灰色或单色。

◎　吸管工具 ⚲：使用该工具可以在图像中吸取颜色，从而达到精确调节颜色的目的。

◎　添加到取样 ⚲：使用该工具可以在当前被调节颜色的基础上，增加被调节的颜色。

◎　从取样中减去颜色 ⚲：使用该工具可以在当前被调节颜色的基础上，减少被调节的颜色。

◎　预览：勾选该复选框后，可以预览图像的效果。

"色相 / 饱和度"的调整，是最常见的图像调整操作之一。例如，调整图 4-20 所示人物围巾的颜色，操作步骤如下。

图4-20　使用"色相/饱和度"调整

◆ Step 01：打开"4_20.jpg"，使用"快速选择工具"选中人物的围巾。

◆ Step 02：在"图层"面板创建"色相 / 饱和度"调整图层，如图 4-21 所示。

图4-21　创建"色相/饱和度"调整图层

◆ Step 03：拖动色相游标，设置为"-140"。

### 4.3.2　自然饱和度

使用"自然饱和度"命令可以较自然地调整图像的饱和度，以便在颜色接近最大饱和度时降低颜色过于饱和所造成的不自然效果。使用该命令调整主要是提高与已饱和的颜色相比不饱和的颜色的饱和度，如图 4-22 所示。"自然饱和度"还可防止肤色过度饱和。

### 4.3.3　色彩平衡

使用"色彩平衡"命令可以调整图像总体的混合效果，但只有在复合通道中才可用。

选择一张需要调整的图像，单击"图像"→"调整"→"色彩平衡"命令，或按【Ctrl】+【B】组合键，弹出"色彩平衡"对话框，如图 4-23 所示。

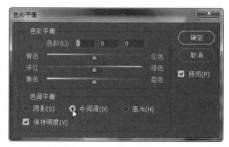

图4-22　使用"自然饱和度"调整　　　　　　　　图4-23　"色彩平衡"对话框

在"色彩平衡"对话框中有 3 个滑块，用来控制各主要色彩的变化；有 3 个单选按钮，可以对图像的不同区域进行调整；勾选"预览"复选框，可以在调整的同时观看生成的效果；勾选"保持明度"复选框，图像像素的亮度值不变，只有颜色值发生变化。

"色彩平衡"命令可以较自然地改变图像的色调，但由于不同的滑块造成的影响不同，仅观察最终效果图较难判断对原图的调整过程。

调整暖色调的具体步骤如下。

◆ Step 01：打开"4_24.jpg"，在"图层"面板创建"色彩平衡"调整图层。

◆ Step 02：调整 3 个滑块的数据分别为"+25""-10""-50"，即可完成暖色调的调整，如图 4-24 所示。

图4-24　使用"色彩平衡"调整

### 4.3.4　黑白

"黑白"命令可让彩色图像转换为灰度图像，同时保持对各颜色转换方式的完全控制。我们也可以通过对图像应用色调为灰度着色，如创建棕褐色效果。"黑白"对话框如图 4-25 所示。

◎ "预设"菜单：选择预定义的灰度混合或以前存储的混合参数。要存储混合参数，可在面板菜单中选择"存储黑白预设"。

◎ 自动：根据图像的颜色值设置灰度混合，并使灰度值的分布最大化。"自动"混合通常会产生极佳的效果，并可以用作使用颜色滑块调整灰度值的起点。

◎ 颜色滑块：调整图像中特定颜色的灰色调。将滑块向左拖动或向右拖动，可使图像原色的灰色调变暗或变亮。

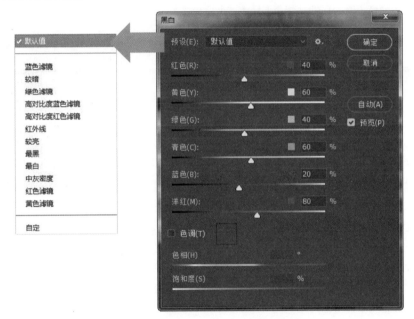

图4-25　"黑白"对话框

使用"黑白"命令的具体操作步骤如下。

◆ Step 01：单击"图像"→"调整"→"黑白"命令，Photoshop 会应用默认的灰度转换。

◆ Step 02：以图 4-26 所示图像为例，由于图像以青色、蓝色为主色调，所以调整"青色"滑块对图像影响最大。设置不同的数值会产生不同的效果，如将青色滑块调整为 150% 与 20% 的图片效果。

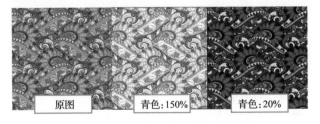

图4-26　青色游标调整区别

### 4.3.5　照片滤镜

"照片滤镜"命令是一种模仿在相机镜头前加彩色滤镜的技术。

"彩色滤镜"调整通过镜头传输的光的色彩平衡和色温使胶片曝光，如图 4-27 所示。"照片滤镜"命令还允许用户选择预设的颜色，以便对图像应用色相调整。如果用户需要应用自定颜色调整，则"照片滤镜"命令可以使用 Adobe 拾色器来指定颜色。

要选择滤镜颜色，可在"照片滤镜"中选择以下选项。

◎　加温滤镜（85）和冷却滤镜（80）：用于调整图像中白平衡的颜色转换滤镜。如果图像是使用色温较低的光（微黄色）拍摄的，则冷却滤镜（80）会使图像的颜色更蓝，以便补偿色温较低的环境光；相反，如果图像是用色温较高的光（微蓝色）拍摄的，则加温滤镜（85）会使图像的颜色更暖，以便补偿色温较高的环境光。

图4-27　使用"彩色滤镜"调整

◎　加温滤镜（81）和冷却滤镜（82）：这些滤镜是光平衡滤镜，适用于对图像的颜色品质进行较小的调整。加温滤镜（81）会使图像变暖（变黄），冷却滤镜（82）会使图像变冷（变蓝）。

◎　个别颜色：根据所选颜色预设对图像应用色相调整，所选颜色取决于如何使用"照片滤镜"命令。如果要调整的图像有色偏，则可以选择补色来进行中和。另外，还可以应用颜色以获得特殊颜色或增强效果，如水下颜色模拟在水下拍摄时产生的稍带绿色的蓝色色偏。

如果不需要预设滤镜，则可以选中"颜色"单选钮，单击该颜色方块，并使用 Adobe 拾色器为自定颜色滤镜指定颜色。

勾选"预览"复选框，可查看使用颜色滤镜的结果。

如果不希望通过添加颜色滤镜来使图像变暗，则可以勾选"保留明度"复选框。

如果要调整应用于图像的颜色数量，可以拖动"浓度"滑块或者在"浓度"文本框中输入一个百分比。"浓度"越大，对所应用颜色的调整就越大。

### 4.3.6　通道混合器

"通道混合器"命令可以实现从细致的颜色调整到图像的基本颜色的彩色变化，但只能用于 RGB 和 CMYK 颜色模式的图像。

操作步骤：单击"图像"→"调整"→"通道混合器"命令，弹出"通道混合器"对话框，如图 4-28 所示。此对话框中各选项及其作用如下。

◎　输出通道：在下拉列表中选择需要调整的输出通道。

◎　"源通道"下面的各颜色滑块：拖动各滑块，可以调整相应颜色在输出通道中所占的比例。向左拖动滑块或在对话框中输入负值，可以减少该颜色通道在输出通道中所占的比例；反之亦然。

◎ 常数：拖动滑块可以增加该通道的补色，即可以添加具有各种不透明度的黑色或白色通道。

◎ 单色：勾选"单色"复选框，可以创建只包含灰度值的彩色图像。

通过"通道混合器"，可以轻松增加或减少图像中某个颜色的向量。如图 4-29 所示，需要减少图中的蓝色，凸显黄色怀旧效果，就可以使用"通道混合器"，选择输出通道为"蓝"，调整蓝色滑块到"+70%"的位置。

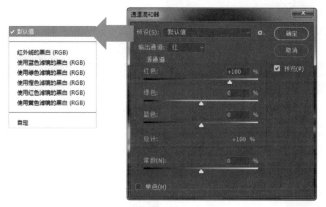

图4-28 "通道混合器"对话框

图4-29 使用"通道混合器"减少蓝色

## 4.4 特殊类调整命令

除了亮度调整与色彩调整外，Photoshop 还有多种特殊类功能的调整滤镜效果。

### 4.4.1 反相

"反相"命令用于制作类似照片底片的效果。使用"反相"命令可以对图像进行反相，即将黑色变为白色，或者在扫描的黑白阴片中得到一个阳片。在一幅彩色图像中，使用"反相"命令能够将每一种颜色都反转成它的互补色。进行反转时，通道中每个像素的亮度值都会被转换成 256 级颜色刻度上相反的值。例如，运用"反相"命令，图像中的亮度值为 255 的像素会变成亮度值为 0 的像素，亮度值为 55 的像素则会变成亮度值为 200 的像素。

　　操作步骤：选择要进行反相的图像，单击"图像"→"调整"→"反相"命令，或按【Ctrl】+【I】组合键，即可对图像进行反相调整。图像使用"反相"命令进行调整前后的效果对比如图 4-30 所示。

图4-30　图像的反相效果

　　一般图像的反相效果都不甚美观，但也有例外。对于非真实的矢量图、动画图来说，也许会有不同的设计效果，如图 4-31 所示。

图4-31　矢量图的反相效果

　　　　由于彩色打印胶片的基底中包含一层橙色掩膜，因此"反相"命令无法从扫描的彩色负片中得到精确的正片图像。当在幻灯片扫描仪上扫描胶片时，请务必使用正确的彩色负片设置。

小提示

### 4.4.2　色调分离

　　使用"色调分离"命令可以定义一幅图像色阶等级的数量，用于灰阶图像中可以减少灰阶数量。在图像中创建大的无层次区域等特殊效果时，此命令非常有用。当减少灰度图像中灰度级别的数量时，此命令的效果最明显。在彩色图像中，使用此命令也能产生有趣的效果。例如，在 RGB 图像中选择 2 个色调级可以产生 6 种颜色，即 2 种红色、2 种绿色、2 种蓝色。

　　操作步骤：单击"图像"→"调整"→"色调分离"命令，设定色阶值。

　　如图 4-32 所示，当设置色阶值为 6 时，背景色中的淡色部分没有可对应的色阶，所以被相似颜色替代。总体而言，"色阶"确定了颜色的色调等级，数值越大，图像中的颜色过渡越细腻；数值越小，图像的色块效果越明显。

图4-32　色调分离

### 4.4.3　阈值

"阈值"命令可将灰度或彩色图像转换为高对比度的黑白图像，如图 4-33 所示。用户在操作过程中，可以指定某个色阶作为阈值。所有比阈值亮的像素会转换为白色，而所有比阈值暗的像素会转换为黑色。"阈值"命令对确定图像的最亮和最暗区域很有用。

使用"阈值"命令，也可以分离出彩色图像的线条。

图4-33　使用"阈值"调整

### 4.4.4　渐变映射

"渐变映射"命令用于将图像中相等的灰度范围映射到所设定的渐变填充色中。在默认情况下，图像的暗调、中间调和高光分别映射渐变填充色的起始颜色、中间端点和结束颜色。

单击渐变条右侧的三角形，在下拉列表中选择或编辑渐变填充样式。

◎　仿色：使色彩过渡更平滑。

◎　反向：可以使现有的渐变色逆转方向。

从图 4-34 中可以看到原图的暗部（黑色）替换为渐变效果最左边的紫色，原图的亮部（白色）替换为渐变效果最右边的橙色。

图4-34　渐变映射

### 4.4.5　可选颜色

使用"可选颜色"命令可以对 RGB、CMYK 和灰度等色彩模式的图像进行分通道的颜色调节，以调整图像颜色的平衡。"可选颜色"对话框如图 4-35 所示。

◎　颜色：在下拉列表中，选择所要调整的颜色通道，然后拖动下面的颜色滑块来改变颜色的组成。

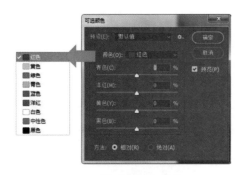

图4-35　"可选颜色"对话框

◎　（方法）相对：选中该单选按钮后，调整图像时将按图像总量的百分比来更改现有的青色、洋红、黄色或黑色。例如，将 30% 的红色减少 20%，则红色的总量为 30%×20%=6%，结果红色的像素总量就变为 24%。

◎　（方法）绝对：选中该单选按钮后，调整图像时将按绝对的调整值来改变图像颜色中增加或减少的百分比数值。

要在整个图像中减少红色，可以使用"可选颜色"命令，效果如图 4-36 所示。

图4-36　使用"可选颜色"调整

## 4.5　色彩和色调的高级应用

### 4.5.1　去色

使用"去色"命令可以去除图像中所有的颜色值，并将其转换为相同色彩模式的灰度图像。我们也可以使用【Ctrl】+【Shift】+【U】组合键去色，效果如图 4-37 所示。

图4-37　"去色"前后效果对比

## 4.5.2　匹配颜色

使用"匹配颜色"命令可以将一个图像文件的颜色与另一个图像文件的颜色相匹配,从而使两张色调不同的图像自动调节成统一协调的颜色。

使用"匹配颜色"命令的具体操作步骤如下。

◆ Step 01:打开"4_38.jpg"和"4_26 波浪 .jpg",如图 4-38 所示。

◆ Step 02:回到"4_38.jpg",单击"图像"→"调整"→"匹配颜色"命令,弹出"匹配颜色"对话框,如图 4-39 所示。

图4-38　按顺序打开两张图像

◆ Step 03:在"源"中选择"4_26 波浪 .jpg",把"4_38.jpg"匹配成"4_26 波浪 .jpg"的颜色效果会使整个画面变成蓝色,匹配效果如图 4-40 所示。

"匹配颜色"对话框设置选项如下。

目标图像:当前选中的图像的名称、图层以及颜色模式。

图像选项:可以通过"亮度""颜色强度""渐隐"选项来调整颜色匹配的效果。

◎ "明亮度"可以增加或减少目标图层的亮度,最大值是 200,最小值是 1。

◎ "颜色强度"可以调整目标图层中颜色像素值的范围,最大值是 200,最小值是 1。

◎ "渐隐"可以控制应用于图像的调整量。

图4-39　"匹配颜色"对话框

中和：可以使源文件和需要进行匹配的目标文件的颜色自动混合，从而产生更加丰富的混合色。

图像统计：如果在源文件中创建选区并使用选区中的颜色进行匹配，则选中"使用源选区计算颜色"选项。

源：在下拉列表中选择需要进行匹配的目标文件。

预览：可以预览匹配颜色后的效果。

图4-40　匹配效果

### 4.5.3　替换颜色

使用"替换颜色"命令能够将图像全部或选定部分的颜色用指定的颜色加以替换。

"替换颜色"对话框设置选项如下。

吸管工具：在图像中吸取需要替换颜色的区域，并确定需要替换的颜色，可以连续吸取颜色。

颜色容差：选定颜色的选取范围，值越大，选取颜色的范围就越大。

结果：单击该色块，在弹出的"拾色器"对话框中可以选择一种颜色作为替换色，从而精确控制颜色的变化。

使用"替换颜色"的具体操作步骤如下。

◆ Step 01：打开"4_41.jpg"，单击"图像"→"调整""→"替换颜色"命令，弹出"替换颜色"
　　　　　对话框，如图 4-41 所示。

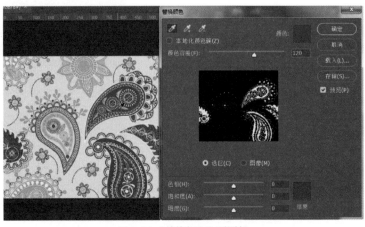

图4-41　"替换颜色"对话框

◆ Step 02：使用吸管工具点选图像中红色区域，并设置颜色容差为"120"。

◆ Step 03：调整色相滑块为"-121"，图像中红色区域即被蓝色替代。也可以单击"结果"色框，
使用拾色器选取一个合适的颜色进行替换，完成效果如图 4-42 所示。

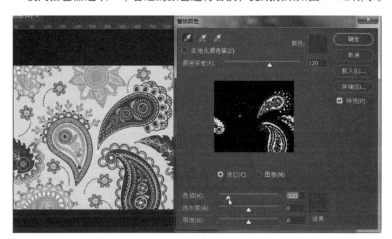

图4-42　替换效果

### 4.5.4　色调均化

使用"色调均化"命令可重新分布图像中像素的亮度值，使它们更均匀地呈现所有范围的亮度级。
"色调均化"将重新映射复合图像中的像素值，使最亮的值呈现为白色、最暗的值呈现为黑色，而中间
的值则均匀地分布在整个灰度中。

当扫描的图像比原稿暗，并且需要调整以产生较亮的图像时，可以使用"色调均化"命令。结合
使用"色调均化"命令和"直方图"面板，可以看到亮度前后的对比，如图 4-43 所示。

图4-43　使用"色调均化"调整前后对比

## 4.6　自动调整与颜色校正选项

### 1. 自动色调

对于像素值平均分布并且需要以简单的方式增加对比度的特定图像，使用"自动色调"命令调整
可获得较好的效果。

在默认情况下，"自动色调"命令会剪切白色和黑色像素的 0.1%。也就是说，在标识图像中最亮和最暗的像素时会忽略两个极端像素值的前 0.1%。具体操作时，可以在"自动颜色校正选项"对话框中更改这个默认设置。

### 2. 自动对比度

使用"自动对比度"命令可自动调整图像的对比度。由于"自动对比度"不会单独调整通道，因此也不会引入或消除色痕。它剪切图像中的阴影和高光值，然后将图像剩余部分最亮和最暗的像素映射到纯白（色阶为 255）和纯黑（色阶为 0）。这会使高光看上去更亮，使阴影看上去更暗。

在默认情况下，"自动对比度"命令会剪切白色和黑色像素的 0.5%。也就是说，在标识图像中最亮和最暗的像素时会忽略两个极端像素值的前 0.5%。具体操作时，可以使用"色阶"和"曲线"对话框中的"自动颜色校正选项"更改这个默认设置。

"自动对比度"命令可以改进许多摄影或连续色调图像的外观，但无法改善单调颜色图像。

### 3. 自动颜色

"自动颜色"命令通过搜索图像来标识阴影、中间调和高光，从而调整图像的对比度和颜色。在默认情况下，"自动颜色"使用 RGB 128 灰色这一目标颜色来中和中间调，并将阴影和高光像素剪切 0.5%。具体操作时，可以在"自动颜色校正选项"对话框中更改这些默认设置。

### 4. 自动颜色校正选项

操作方法：打开"色阶"或"曲线"面板，单击"选项"，即可打开"自动颜色校正选项"对话框。

图4-44　自动颜色校正选项

"自动颜色校正选项"可以控制"色阶"和"曲线"命令中的自动色调和颜色校正，还可控制"自动色调""自动对比度""自动颜色"命令的设置。"自动颜色校正选项"允许用户指定阴影和高光修剪百分比，并为阴影、中间调和高光指定颜色值，如图 4-44 所示。算法的主要选项如下。

◎ 增强单色对比度：统一修剪所有通道。这样可以在使高光显得更亮而阴影显得更暗的同时，保留整体的色调关系。"自动对比度"命令使用此种算法。

◎ 增强每通道的对比度：使每个通道中的色调范围最大化，以产生更显著的校正效果。因为各通道是单独调整的，所以"增强每通道的对比度"可能会消除或引入色痕。"自动色调"命令使用此种算法。

◎ 查找深色与浅色：查找图像中平均最亮和最暗的像素，并通过它们来使对比度最大化，同时使修剪最小化。"自动颜色"命令使用此种算法。

◎ 增强亮度和对比度：分析图像，以执行内容识别单色增强。

用户可以在使用"色阶"调整或"曲线"调整的"自动"命令时应用这些设置，也可以在"图像"菜单中的"自动色调""自动对比度""自动颜色"几个命令中将这些设置作为自动处理算法的默认值。

## 4.7　真题实例

1. 打开"550660.jpg"，调整图像的色彩，使阳光变成白蓝的月光效果，如图 4-45 所示。

图4-45 月光效果

2. 【2016 年基本操作题】打开 "550631.jpg",调整图像的颜色,效果如图 4-46 所示。

3. 【2016 年基本操作题】打开 "550638.jpg",把图像中的蝴蝶调整成剪纸效果,如图 4-47 所示。

图4-46 调整颜色

图4-47 剪纸效果

# 4.8 知识能力测试

一、选择题

1. 下列色彩调整命令中,(　　)可提供最精确的调整。

　A. 色阶　　　　　B. 亮度 / 对比度　　　　C. 曲线　　　　D. 色彩平衡

2. 下列(　　)命令用于调整色偏。

　A. 色调均化　　　B. 阈值　　　　　　　　C. 色彩平衡　　D. 亮度 / 对比度

3. 在 Photoshop 中可以改变图像色彩的命令是(　　)。

　A. 曲线调整　　　B. 颜色分配表　　　　　C. 变化调整　　D. 色彩范围

4. 下列(　　)调整命令不会完全删除图像的色彩信息。

　A. 去色　　　　　B. 黑白　　　　　　　　C. 阈值　　　　D. 色调分离

5. 下列说法错误的是(　　)。

　A. 通过直方图可以观察图像像素的明暗分布

　B. 用扫描仪扫描照片底片,使用反相命令就可以看到正常的照片效果

　C. 渐变映射可以把图像中对应的颜色映射到所设定的渐变填充中

　D. 去色命令可以删除图像的局部颜色

6. 以下关于调整图层的描述错误的是（　　　）。

　A. 选择一个图像区域后可以调整图层，创建后影响区域不能修改

　B. 调整图层可以在图层调板中更改透明度

　C. 调整图层可以在图层调板中添加图层蒙版

　D. 调整图层可以在图层调板中更改图层的混合模式

7. "色相 / 饱和度"命令的组合键是（　　　）。

　A.【Ctrl】+【M】　　　　　　　　　　　　B.【Ctrl】+【U】

　C.【Ctrl】+【L】　　　　　　　　　　　　D.【Ctrl】+【B】

8. 下列关于位图模式和灰度模式的描述错误的是（　　　）。

　A. 在位图模式中为黑色的像素，在灰度模式中经过编辑后可能会是灰色，如果像素足够亮，当转换回位图模式时，它将成为白色

　B. 将彩色图像转换为灰度模式时，Photoshop 会丢掉原图像中所有的彩色信息，而只保留像素的灰度级

　C. 将图像转换为位图模式会使图像颜色减少到黑白两种

　D. 灰度模式可作为位图模式和彩色模式间相互转换的中介模式

二、操作题

1. 打开 "4_48 雾霾 .jpg"，使用调整命令去除雾霾，完成效果如图 4-48 所示。

图4-48　去除雾霾效果

2. 打开 "4_49 蓝色 .jpg"，删除右半张图片的颜色，完成效果如图 4-49 所示。

3. 打开 "4_50 轮廓 .jpg"，提取图像中的人物轮廓，完成效果如图 4-50 所示。

图4-49　删除颜色效果　　　　　　　　　　　　　　图4-50　提取轮廓效果

Photoshop CC

Chapter

# 5

## 第5章
## 图层的操作

　　图层是 Photoshop CC 中非常重要的功能。对图像进行绘制或编辑的所有操作都是在图层上完成的，图层就像人们写字的纸张、画画的画布一样。在 Photoshop CC 中，打开的每张图像都由一个或多个图层构成。

# 5.1 初识图层

在对图像进行编辑处理时，通常需要将不同的图像放在不同的图层上来操作。通过对这些图层的有效使用，能大大提高图像编辑处理的灵活性。接下来先讲解图层的概念、"图层"面板及图层的种类。

## 5.1.1 图层的概念

图层的概念来自动画制作领域。以前在制作动画时，人们会将动画中常变动的部分和背景图分别画在不同的透明纸上，然后叠放在一起即可得到想要的效果。这种做法减少了大量的重复性工作，节省了时间。Photoshop CC 即参考了这一思路，发展了图层的概念，如图 5-1 所示。在 Photoshop CC 中对图像进行编辑处理时，可将图像的各部分分开放在不同的图层上，把图像中的每个图层理解为一张透明的纸，透过这张纸我们可以看到纸后面的东西，最后可以看到这些图层叠加后的完整效果。

当需要对图像的某部分进行改动时，只要找到相应的图层进行编辑处理即可，这样并不会影响到其他图层中的图像。

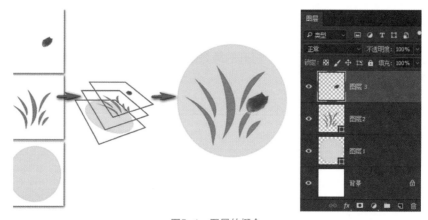

图5-1　图层的概念

## 5.1.2 "图层"面板

Photoshop CC 的"图层"面板显示了图像中的所有图层、图层组和图层效果，是进行图层编辑操作时必不可少的工具。通过"图层"面板可以创建、复制、删除图层，还可以调整图层混合模式、图层叠放顺序、图层不透明度以及图层样式等参数。也就是说，几乎所有的图层操作都可以通过它来实现。在默认状态下，"图层"面板是打开的，若工作界面没有显示"图层"面板，则执行"窗口"→"图层"命令或者按【F7】功能键，即可在工作区显示"图层"面板，如图 5-2 所示。

① 图层混合模式：在其下拉列表中，可以选择不同的混合模式，用于决定当前工作图层中的图像与其他图层中的图像混合在一起的效果。

② 图层锁定选项组：在该选项组中可以指定需要锁定的图层内容，包括"锁定透明像素""锁定图像像素""锁定位置""防止在画板内外自动嵌套""锁定全部"。

③ 图层显示与隐藏按钮：单击该按钮，可以切换显示或隐藏图层。单击该按钮后按钮消失，并隐藏这一图层中的图像；反之，则会显示这一图层中的图像。

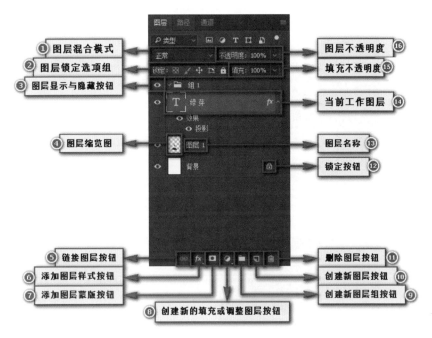

图5-2　"图层"面板

④ 图层缩览图：显示当前图层的图像缩览图，可根据它迅速辨识每一个图层。

⑤ 链接图层按钮：选中两个或两个以上图层，单击该按钮，可以将选中的图层链接起来，这样被链接的图层就会显示图层链接的标志。

⑥ 添加图层样式按钮：单击该按钮，可打开图层样式菜单，为当前工作图层应用一个新的图层样式。

⑦ 添加图层蒙版按钮：单击该按钮，可为当前工作图层添加一个图层蒙版。

⑧ 创建新的填充或调整图层按钮：单击该按钮，可打开填充或调整图层的快捷菜单，从中选择某项，即为当前工作图层添加一个填充图层或调整图层。

⑨ 创建新图层组按钮：单击该按钮，可以创建一个新图层组。

⑩ 创建新图层按钮：单击该按钮，可在当前工作图层上添加一个新图层。

⑪ 删除图层按钮：单击该按钮，可删除当前选择的图层或图层组。

⑫ 锁定按钮：此按钮表示该图层被锁定。

⑬ 图层名称：可以为每个图层定义不同的名称，以便区分。如果在新建图层时没有命名，Photoshop CC 会自动依序命名为"图层 1""图层 2"……

⑭ 当前工作图层：在面板中，以浅灰色背景显示的图层表示正处于选中状态，即当前工作图层，此时可对其内容进行修改或编辑。

⑮ 填充不透明度：用于设置当前图层的填充颜色的不透明度。

⑯ 图层不透明度：用于设置当前图层的整体不透明程度。

## 5.1.3　图层的类型

在 Photoshop CC 中可以创建多种不同类型的图层，如背景图层、文本图层、调整图层、形状图层和蒙版图层等。不同类型的图层，其功能及操作方法也各不相同，如图 5-3 所示。

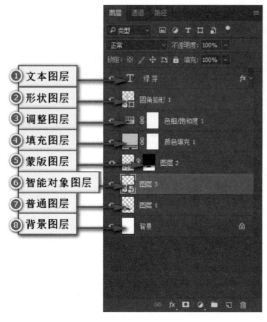

图5-3 图层的类型

① 文本图层：文本图层是用来处理和编辑文本的图层。当使用文本工具 T 在图像窗口输入文字时，"图层"面板就会自动产生一个文本图层。在默认状态下，Photoshop CC 会将图层中的文字内容作为图层的名称。

② 形状图层：形状图层是使用"形状工具" 或者"钢笔工具" ，在右边下拉列表中选择"形状"选项的情况下，在图像中创建图形后，"图层"面板自动建立的图层。

③ 调整图层：选择"图层"→"新建调整图层"中的子菜单命令或者单击"图层"面板下方的"创建新的填充或调整图层"按钮 ，都可以创建新的调整图层。调整图层主要用于图像颜色和色调的调整。使用调整图层，可以调整该图层下方所有图层的颜色和色调。通过创建调整图层，可将颜色和色调的调整设置单独放在一个图层中，以便随时对其设置如亮度/对比度、色阶和曲线等进行多次调整，而不会改变原始图层，在图像修改上极具弹性。

④ 填充图层：选择"图层"→"新建填充图层"中的子菜单命令或者单击"图层"面板下方的"创建新的填充或调整图层"按钮 ，都可以创建新的填充图层。填充图层用于在当前图层中填充颜色（纯色、渐变）或图案，且不会影响它下方的图层。填充图层需要结合图层混合模式、不透明度或者图层蒙版的功能来使用，才能使图像产生特殊效果。

⑤ 蒙版图层：蒙版图层可以显示或隐藏图层的不同区域，是图像合成的重要手段。通过编辑图层蒙版中的颜色，可控制该图层相应位置图像的透明程度，而图层上的原始内容始终不会被破坏。

⑥ 智能对象图层：智能对象图层是可以保护栅格或矢量图像原始数据的图层。智能对象图层和普通图层不同，它保留图像的源内容及其所有原始特性。

⑦ 普通图层：普通图层的主要功能是存放和绘制图像，其透明部分在缩略图上呈现为灰白相间的方格。

⑧ 背景图层：背景图层是一种不透明的图层，在创建新图像时系统会自动生成。用户无法对背景图层进行"混合模式""锁定""不透明度""填充"等属性的设置，也无法使用"移动"工具移动背景图层所在的背景颜色或其他对象，同时还无法调整背景图层与其他图层的叠放次序。背景图层位于所有图层的最下方，不能对其应用任何类型的混合模式。一幅图像中只有一个背景图层，其右边有一个锁形图标 。

# 5.2 图层的操作

在进行图像编辑处理时，许多操作都需要通过"图层"来完成。下面介绍图层的操作方法。

### 5.2.1　图层的基本操作

图层的基本操作包括新建图层、选择图层、复制图层、移动图层、删除图层、重命名图层、显示和隐藏图层、锁定和解锁图层、链接图层，具体方法如表 5-1 所示。

表5-1　图层的基本操作

| 类别 | 操作方法 |
| --- | --- |
| 新建图层 | 执行"图层"→"新建"→"图层"命令 |
| | 单击"图层"面板中的"创建新图层"按钮 |
| | 单击"图层"面板右上角的按钮，在弹出的菜单中选择"新建图层"命令确定执行 |
| 新建填充图层和调整图层 | 选择"图层"→"新建填充图层"或"图层"→"新建调整图层"中子菜单相应的命令 |
| | 单击"图层"面板下方的"创建新的填充或调整图层"按钮，从弹出的子菜单中选择相应的命令 |
| 选择图层 | 要选择一个图层，可在"图层"面板中单击该图层，被选中图层的整行背景呈浅灰色 |
| | 要选择多个连续排列的图层，在"图层"面板中先单击选中一个图层，再按住【Shift】键单击选中另一图层，这样就可选中这两个图层间的所有图层 |
| | 要选择多个不连续排列的图层，在"图层"面板中先单击选中一个图层，再按住【Ctrl】键单击需要选择的图层即可 |
| 复制图层 | 选中图层，选择菜单"图层"→"复制图层"命令 |
| | 选择要复制的图层，单击鼠标右键，在弹出的快捷菜单中选择"复制图层"命令确定执行 |
| | 在"图层"面板上选择要复制的图层，然后将其拖曳到下方的"创建新图层"按钮上 |
| | 选择要复制的图层，单击"图层"面板右上角的按钮，在弹出的菜单中选择"复制图层"命令确定执行 |
| | 按【Ctrl】+【J】组合键，即可复制当前选中的图层 |
| 移动图层 | 选择"图层"→"排列"中子菜单相应的命令 |
| | 选中图层，按住鼠标左键将图层拖曳到想要移动到的位置 |
| 删除图层 | 选中图层，选择菜单"图层"→"删除"→"图层"命令 |
| | 选中图层，将其拖曳到"图层"面板下方的"删除图层"按钮上 |
| | 选中图层，单击"图层"面板下方的"删除图层"按钮 |
| | 选中图层后，单击鼠标右键，在弹出的快捷菜单中选择"删除图层"命令确定执行 |
| | 选中图层，单击"图层"面板右上角的按钮，在弹出的菜单中选择"删除图层"命令确定执行 |

续表

| 类别 | 操作方法 |
|---|---|
| 重命名图层 | 双击图层名称，当名称呈现蓝色底色光标并跳动时，即为图层名称的编辑修改状态 |
| | 选择"图层"→"重命名图层"，在"图层"面板上该图层的名称即进入可编辑修改状态 |
| 显示和隐藏图层 | 选中图层，单击该图层左侧的"图层显示与隐藏"按钮 👁 ，即可选择将当前图层显示或隐藏 |
| 锁定和解锁图层 | 选中图层，在"图层"面板的"图层锁定选项组" 锁定: 🔲 ✏ ✛ 🔒 中单击选择相应的选项按钮即可进行相应的锁定或解锁 |
| 链接图层 | 选中要进行链接的多个图层，单击"图层"→"链接图层"命令 |
| | 选中要进行链接的多个图层，单击"图层"面板下方的"链接图层"按钮 🔗 |
| | 选中要进行链接的多个图层，单击鼠标右键，在弹出的快捷菜单中选择"链接图层" |
| | 选中要进行链接的多个图层，单击"图层"面板右上角的按钮 ▤ ，在弹出的菜单中选择"链接图层" |

### 5.2.2 图层的高级操作

**1. 图层的对齐与分布**

在编辑处理图像过程中，有时需要将不同图层上的图像进行不同形式的对齐与分布，从而使画面看上去更舒适、更有条理。由于图层的对齐与分布的操作对象是多个图层，因此需要首先选中相应的多个图层，然后选择"图层"→"对齐"或"图层"→"分布"下的子菜单命令，如图 5-4 所示。

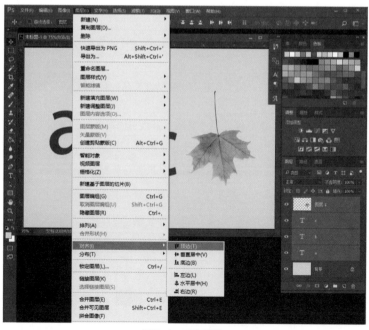

图 5-4　对齐菜单

图层的对齐与分布操作除了可以通过菜单命令完成外，还可以通过移动工具选项栏上的功能按钮完成，如图 5-5 所示。

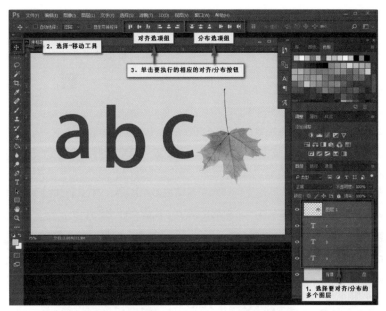

图5-5　用移动工具进行图层的对齐与分布

2. 图层的合并与盖印

虽然多图层能使图像编辑更灵活，但一个图像中的图层越多，其所占用的计算机内存就越大，从而对计算机运行速度的影响也就越大。因此，当确认一些图层不需要再进行编辑处理时，可以将它们合并为一个图层，从而减小图像文件，提高计算机的运行速度。

合并图层有几种类别，其操作方法如表 5-2 所示。

表5-2　合并图层的类别与操作方法

| 合并图层类别 | 操作方法 |
| --- | --- |
| 向下合并 | 选中图层，单击"图层"→"向下合并"命令，当前图层即与下一个图层合并成一个图层 |
| | 选中图层后，单击鼠标右键，在弹出的快捷菜单中选择"向下合并" |
| | 选中图层后，单击"图层"面板右上角的按钮，在弹出的菜单中选择"向下合并" |
| | 选中图层后，按【Ctrl】+【E】组合键 |
| 合并可见图层 | 任意选择一个可见图层，单击"图层"→"合并可见图层"命令，当前图像中所有可见的图层会全部合并到同一图层上，同时保留隐藏图层 |
| | 任意选择一个可见图层，单击鼠标右键，在弹出的快捷菜单中选择"合并可见图层" |
| | 任意选择一个可见图层，单击"图层"面板右上角的按钮，在弹出的菜单中选择"合并可见图层" |

续表

| 合并图层类别 | 操作方法 |
| --- | --- |
| 拼合图像 | 任意选择一个图层，单击"图层"→"拼合图像"命令，当前图像中所有可见图层会全部合并到同一图层上，同时删除隐藏图层 |
| | 任意选择一个图层，单击鼠标右键，在弹出的快捷菜单中选择"拼合图像" |
| | 任意选择一个图层，单击"图层"面板右上角的按钮▇，在弹出的菜单中选择"拼合图像" |

　　盖印图层与合并图层相似，通过盖印图层也可以将多个图层的内容合并到一个图层上。但与合并图层不同的是，"盖印图层"命令是生成新的图层，不会破坏原有图层，也不会使原有图层发生变化，而依然保持它们的独立性和完整性。

　　盖印图层有两种操作方式，一种是先选择想要盖印的多个图层，再按【Ctrl】+【Alt】+【E】组合键，即可将选定的多个图层内容合并到一个新的图层中，如图5-6所示。

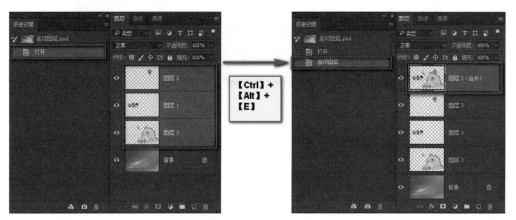

图5-6　盖印选定图层

　　另一种是先选择一个图层，再按【Shift】+【Ctrl】+【Alt】+【E】组合键，即可将当前图像中的可见图层内容都盖印到一个图层中，注意新建的盖印图层在之前所选图层的上方，如图5-7所示。

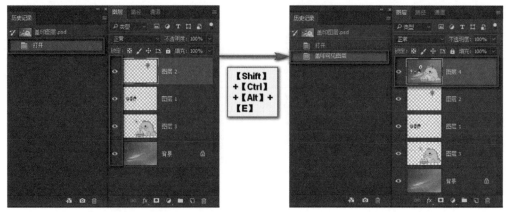

图5-7　盖印可见图层

### 3. 图层的转换与栅格化

在 Photoshop CC 中可以通过图层的转换创建智能对象,其操作方法为:选中图层,单击"图层"→"智能对象"→"转换为智能对象"命令,即可将当前图像转换为智能对象,如图 5-8 所示。此外,选中图层后单击鼠标右键或者选中图层后单击"图层"面板右上角的按钮■,在弹出的菜单中均可找到"转换为智能对象"命令。此时,完成智能对象转换的图层右下角有智能对象标志█。双击智能对象的缩略图,Photoshop CC 就会打开一个智能对象的源文件,供用户对它进行像素级的修改或者直接替换内容,最后"合并可见图层"并保存。这时关闭源文件,回到原来智能对象所在的文档,就可以发现智能对象改变了。

小提示　　通过按【Ctrl】+【J】组合键复制智能对象图层,双击其中一个的缩略图进入源文件进行修改,保存后原所有复制的智能对象图层都会同时发生变化。但是"通过拷贝新建智能对象"复制的图层,不会与原智能对象图层共享源文件,修改其中一个源文件,另一个保持不变。

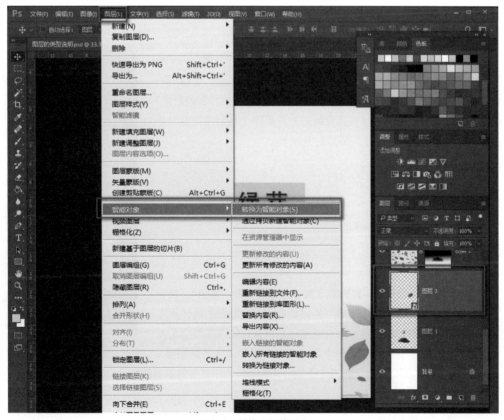

图5-8　转换为智能对象

在 Photoshop CC 中将智能对象图层、文本图层、形状图层和填充图层等转换为普通图层的过程称为栅格化,栅格化后的图层仍可转换为智能对象。

小提示　　将文本图层栅格化后，文字将不能再用文字工具进行编辑，并不再具有矢量轮廓。

#### 4. 图层组的应用

图层组的应用能使图层的管理更加便捷。在遇到有大量图层的文件时，可以将同类型的图层编为一组，在同一个图像文件中创建多个图层组。

图层编组操作方法一：在"图层"面板上选择要进行编组的多个图层，然后单击"图层"→"图层编组"命令或者单击"图层"面板右上角的按钮█，在弹出的菜单中选择"从图层新建组"命令，即可将选中的图层编组。默认的组名称为"组 1"，双击组名称，当其呈现蓝色底色光标跳动状态时即可为组重命名。

小提示　　编入同一组的图层，会按选中前的上下顺序进行排列。若选择不相邻的图层进行编组，编组成功后，所选图层会跳过中间未选中的图层，上移到编组前排列在上方图层的下方，即可能会影响原有图层的排序效果。

图层编组操作方法二：首先新建一个组，接着单击"图层"→"新建"→"组"命令或者单击"图层"面板右上角的按钮█，在弹出的菜单中选择"新建组"或者直接单击"图层面板"底部的"创建新组"按钮█，完成组的创建，然后将需要编组的图层逐个拖到新组中，被拖进新组中的图层会向右缩进，如图 5-9 所示。

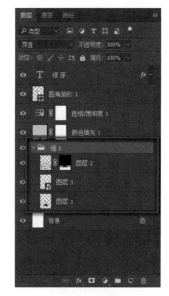

图5-9　图层编组

# 5.3 图层的混合模式

### 5.3.1 混合模式的概念

图层的混合模式作用于两个图层之间，调整混合模式会使两个叠加的图层产生各种不同的效果。

要理解图层的混合模式，首先要了解 3 个概念，即"基色""混合色""结果色"。基色通常是指图像中的原色，在图层混合模式使用中指上下两个图层中下方的图层；混合色通常是指通过绘画或编辑工具应用的颜色，在图层混合模式使用中指上下两个图层中上方的图层；结果色是指混合后的颜色，在此指两个图层应用图层混合模式后的效果颜色。

### 5.3.2 混合模式的种类

Photoshop CC 提供了 27 种图层的混合模式，这些混合模式又分为六大类，分别是组合模式类（正常、溶解）、加深混合模式类（变暗、正片叠底、颜色加深、线性加深、深色）、减淡混合模式类（变亮、滤色、颜色减淡、线性减淡、浅色）、对比混合模式类（叠加、柔光、强光、亮光、线性光、点光、实色混合）、比较模式类（差值、排除、减去、划分）、色彩混合模式类（色相、饱和度、颜色、明度），如图 5–10 所示。

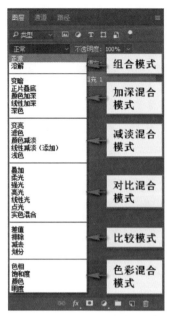

图5-10　图层混合模式的六大类

打开素材文件"图层混合模式.psd"，选中"图层 2"，在"图层混合模式"的下拉列表中选择相应的图层混合模式，与"图层 1"进行混合。接下来逐个观察效果，了解它们的特点，如表 5– 3 所示。

表5-3　图层混合模式

| 名称 | 特点 | 案例 |
|---|---|---|
| 正常模式 | 默认模式，上图层的内容覆盖在下图层上，"混合色"的显示与不透明度的设置有关。当"不透明度"为100%，也就是完全不透明时，"结果色"的像素将完全由所用的"混合色"代替；当"不透明度"小于100%时，混合色的像素会透过所用的颜色显示出来，显示的程度取决于不透明度的设置与"基色"的颜色 | |
| 溶解模式 | 将混合图层的图像以散乱的点状形式叠加到基色图层的图像上，不会对图像的色彩产生影响，与图像的不透明度有关。图层的不透明度设置得越小，点状效果越明显，当图层的不透明度为100%时，与"正常"模式效果相同。如右图的上图层中，在溶解模式下，不透明度为70%，点状像素效果就比较明显 | |

| 名称 | 特点 | 案例 |
|------|------|------|
| 变暗模式 | 将混合的两个图层相对应区域RGB通道中的颜色亮度值加以比较，在混合图层中，保留比基色图层暗的像素，用基色图层中暗的像素替换亮的像素，总的颜色灰度级降低，产生变暗的效果 | |
| 正片叠底模式 | 正片叠底模式用于查看每个通道中的颜色信息，可以形成一种光线穿透图层的幻灯片效果。其实就是将基色与混合色相乘，然后除以255，即可得到结果色的颜色值，结果色总是比原来的颜色更暗。当任何颜色与黑色进行正片叠底模式操作时，得到的颜色都为黑色，因为黑色的像素值为0；当任何颜色与白色进行正片叠底模式操作时，颜色都保持不变，因为白色的像素值为255 | |
| 颜色加深模式 | 颜色加深模式用于查看每个通道的颜色信息，使基色变暗，从而显示当前图层的混合色。在与黑色和白色混合时，图像不会发生变化 | |
| 线性加深模式 | 线性加深模式也用于查看每个通道的颜色信息。不同的是，它通过降低其亮度使基色变暗来反映混合色。如果混合色与基色呈白色，混合后将不会发生变化 | |
| 深色混合模式 | 深色混合模式依据当前图像混合色的饱和度，直接覆盖基色中暗调区域的颜色。基色中包含的亮度信息不变，由混合色中的暗调信息所取代，从而得到结果色。深色混合模式可反映背景较亮的图像中暗部信息的表现 | |

续表

| 名称 | 特点 | 案例 |
|---|---|---|
| 变亮混合模式 | 变亮混合模式与变暗混合模式的效果相反。变亮混合模式通过比较基色与混合色，会把比混合色暗的像素替换掉，而比混合色亮的像素不变，最终使整个图像产生变亮的效果 | |
| 滤色混合模式 | 滤色混合模式与正片叠底模式的效果相反。滤色混合模式用于查看每个通道的颜色信息，将图像的基色与混合色结合起来产生比这两种颜色都浅的第三种颜色，即将绘制的颜色与底色的互补色相乘，然后除以255得到的混合效果。通过该模式转换后的效果颜色通常很浅且比较亮，像被漂白过一样 | |
| 颜色减淡混合模式 | 颜色减淡混合模式用于查看每个通道的颜色信息，通过降低对比度使基色变亮，从而反映混合色。除了指定在这个模式的层上边缘区域更尖锐，以及在这个模式下着色的笔画之外，颜色减淡混合模式的效果与滤色混合模式的效果类似 | |
| 线性减淡混合模式 | 线性减淡混合模式与线性加深混合模式的效果相反。线性减淡混合模式通过增加亮度来减淡颜色，产生的亮化效果比滤色混合模式和颜色减淡混合模式都强烈。其工作原理是查看每个通道的颜色信息，然后通过增加亮度使基色变亮，从而反映混合色。与白色混合时，图像中的色彩信息降至最低；与黑色混合时，色彩信息不会发生变化 | |
| 浅色混合模式 | 浅色混合模式依据当前图像混合色的饱和度，直接覆盖基色中高光区域的颜色。基色中包含的暗调区域不变，由混合色中的高光色调取代，从而得到结果色 | |

| 名称 | 特点 | 案例 |
|---|---|---|
| 叠加混合模式 | 叠加混合模式实际上是正片叠底模式和滤色模式的混合模式。该模式的工作原理是将混合色与基色相互叠加，也就是说底层图像控制着上方的图层，可以使之变亮或变暗。比50%暗的区域将采用正片叠底模式变暗，比50%亮的区域则采用滤色模式变亮 | |
| 柔光混合模式 | 柔光混合模式的效果与发散的聚光灯照在图像上相似。该模式根据混合色的明暗来决定图像的最终效果是变亮还是变暗。如果混合色比基色更亮一些，那么结果色将更亮；如果混合色比基色更暗一些，那么结果色将更暗。也就是说，该模式会使图像的亮度反差增大 | |
| 强光混合模式 | 强光混合模式是正片叠底模式与滤色模式的组合。它可以产生强光照射的效果，根据当前图层颜色的明暗程度来决定最终效果是变亮还是变暗。如果混合色比基色的像素更亮一些，那么结果色更亮；如果混合色比基色的像素更暗一些，那么结果色更暗。这种模式实际上同柔光模式相似，区别在于它的效果要比柔光模式更强烈一些。在强光模式下，当前图层中比50%灰色亮的像素会使图像变亮，比50%灰色暗的像素会使图像变暗，但纯黑色和纯白色将保持不变 | |
| 亮光混合模式 | 亮光混合模式是通过增加或减小对比度来加深或减淡颜色的。如果当前图层中的像素比50%灰色亮，则通过减小对比度的方式使图像变亮；如果当前图层中的像素比50%灰色暗，则通过增加对比度的方式使图像变暗。亮光混合模式是颜色减淡模式与颜色加深模式的组合，它可以使混合后的颜色更饱和 | |
| 线性光混合模式 | 线性光混合模式是线性减淡与线性加深模式的组合。线性光混合模式通过增加或减小当前图层颜色的亮度来加深或减淡颜色。若当前图层中的像素比50%灰色亮，可通过增加亮度使图像变亮；若当前图层中的像素比50%灰色暗，则可通过减小亮度使图像变暗。与强光混合模式相比，线性光混合模式可使图像产生更高的对比度，也会使更多的区域变为黑色或白色 | |

续表

| 名称 | 特点 | 案例 |
|------|------|------|
| 点光混合模式 | 点光混合模式的工作原理就是根据当前图层颜色来替换颜色。若当前图层颜色比50%的灰亮，则比当前图层颜色暗的像素被替换，而比当前图层颜色亮的像素保持不变；若当前图层颜色比50%的灰暗，则比当前图层颜色亮的像素被替换，而比当前图层颜色暗的像素保持不变 | |
| 实色混合模式 | 在实色混合模式下，当混合色比50%灰色亮时，基色变亮；当混合色比50%灰色暗时，则会使底层图像变暗。该模式通常会使图像产生色调分离的效果，降低填充不透明度时，可减弱对比强度 | |
| 差值模式 | 差值模式将混合色与基色的亮度加以对比，用较亮颜色的像素值减去较暗颜色的像素值，所得差值就是最后效果的像素值 | |
| 排除模式 | 排除模式与差值模式相似，但排除模式具有高对比度和低饱和度的特点，比差值模式的效果要柔和、明亮。当白色作为混合色时，图像反转基色而呈现；当黑色作为混合色时，图像不发生变化 | |
| 减去模式 | 减去模式用于查看各通道的颜色信息，并从基色中减去混合色。如果出现负数，就剪切为零。与基色相同的颜色混合得到黑色，白色与基色混合得到黑色，黑色与基色混合得到基色 | |

| 名称 | 特点 | 案例 |
|---|---|---|
| 划分模式 | 划分模式用于查看每个通道的颜色信息，并用基色分割混合色。当基色数值大于或等于混合色数值时，混合出的颜色为白色；当基色数值小于混合色数值时，结果色比基色更暗。因此，结果色对比非常强烈。白色与基色混合得到基色，黑色与基色混合得到白色 | |
| 色相混合模式 | 色相混合模式是选择基色的亮度和饱和度值与混合色进行混合而产生的效果，混合后的亮度及饱和度取决于基色，但色相取决于混合色。其中黑、白、灰是没有色相和饱和度的，也就是相关数值为0 | |
| 饱和度混合模式 | 饱和度混合模式是在保持基色色相和亮度值的前提下，只用混合色的饱和度值进行着色。一般基色与混合色的饱和度不同时，才使用混合色进行着色。若基色的饱和度为0，则与任何混合色叠加均无变化。在基色不变的情况下，混合色图像的饱和度越低，结果色的饱和度越低；混合色图像的饱和度越高，结果色的饱和度越高 | |
| 颜色混合模式 | 颜色混合模式引用基色的明度和混合色的色相与饱和度来创建结果色。它能够使用混合色的饱和度和色相同时进行着色，以保护图像的灰色调，但结果色的颜色由混合色决定。颜色混合模式可以看作饱和度模式和色相模式的综合效果，一般用于为图像添加单色效果 | |
| 明度混合模式 | 明度混合模式使用混合色的亮度值进行表现时，采用的是基色中的饱和度和色相。明度混合模式与颜色模式的效果相反 | |

## 5.4　图层样式

Photoshop CC 提供了多种图层样式（投影、内阴影、外发光、内发光、斜面和浮雕等），通过这些图层样式可以以非破坏性的方式来丰富、美化图层内容。图层样式可以用于单个图层，也可以用于图层组，图层样式的效果与图层内容是相连接的。Photoshop CC 中有预设样式，用户也可以自定义样式。

当图层使用了图层样式后，那么在"图层"面板上，该图层的右侧就会出现一个图标，添加的图层样式会以列表的形式出现在图层的下方。用户可以在"图层"面板中展开样式，以便查看或编辑合成样式的效果。

### 5.4.1　图层的预设样式

通过"样式"面板或"图层样式"对话框，可以给图层添加预设样式效果。

下面首先使用"样式"面板给图层添加预设样式。单击"窗口"→"样式"命令即可显示出"样式"面板，如图5-11 所示。

打开"样式"面板后，可以直接单击所选的预设样式给图层应用样式效果；也可以将所选的样式从"样式"面板中拖曳到"图层"面板的图层上；还可以将所选样式从"样

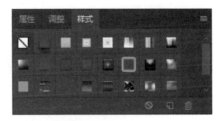

图5-11　"样式"面板

式"面板中拖曳到文档窗口中，直接放至需要使用该样式的图像上。这3 种操作方法均可实现通过"样式"面板给图层增加预设样式效果。

接下来使用"图层样式"对话框给图层添加预设样式。

"图层样式"对话框的打开方式有 3 种，分别是单击"图层"→"图层样式"→"混合选项"命令；在"图层"面板的图层上单击鼠标右键，在弹出的快捷菜单中选择"混合选项"；单击"图层"面板右上角的按钮，在弹出的菜单中选择"混合选项"。此 3 种操作方法均可调出"图层样式"对话框，如图 5-12 所示。在"图层样式"对话框中选择"样式"，再单击所要的样式即可给图层添加预设样式。

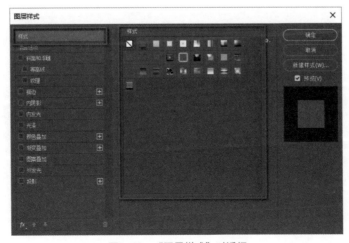

图5-12　"图层样式"对话框

### 5.4.2 自定义图层样式

在打开的"图层样式"对话框中除了可以通过"样式"选择预设样式外，还可以通过"图层样式"对话框中的选项如斜面和浮雕、描边、内阴影、光泽、投影等对图层样式进行自定义效果的设置。下面详细介绍这些图层样式。

1. 投影

投影即为图像增添投影效果。在 Photoshop CC 中，同一图层可以添加多个投影样式。

具体的操作步骤如下。

◆ Step 01：打开素材文件"投影和内阴影 .psd"。

◆ Step 02：对"图层 1 拷贝"应用投影样式，参数设置如图 5-13 所示。

◆ Step 03：对"图层 1 拷贝 2"应用两个投影样式，参数设置如图 5-14 所示。

图 5-15 所示为图像未添加投影样式、添加一个投影样式及添加两个投影样式的效果展示。

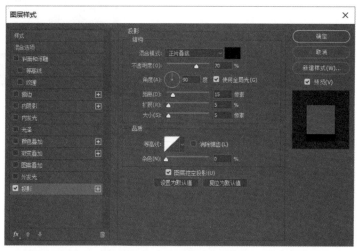

图5-13　投影样式参数1

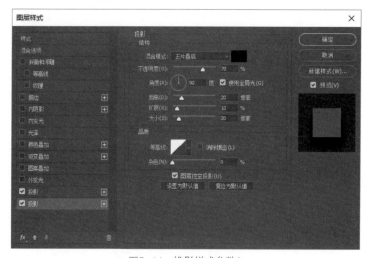

图5-14　投影样式参数2

在设置投影样式参数的过程中，需要注意以下几点。

（1）混合模式：设置投影效果与下方图层中图像的混合模式。

（2）不透明度：设置投影的不透明度，数值越大，投影越清晰；反之则越模糊。

（3）角度：设置光照的角度。勾选"使用全局光"选项，则与图层中勾选该选项的图层样式使用同一光照角度，若改变其中一个，其他样式会同步更改；反之，则只影响该图层样式效果。

（4）距离：设置投影与当前图像的距离，数值越大，投影离图像越远。

图5-15　投影效果展示

（5）扩展：设置投影边缘的扩散程度。

（6）大小：设置投影边缘轮廓的模糊程度，数值越大越模糊；反之则越清晰。

（7）等高线：模拟光的反射，加强阴影的立体效果。

（8）杂色：设置生成的杂点数量。

（9）消除锯齿：使投影的边缘平滑。

（10）图层挖空投影：当填充为透明时，用来设置是否将投影挖空。

2．内阴影

内阴影与投影的区别在于，投影的效果显示在图像外部，而内阴影的效果显示在图像内部边缘。在 Photoshop CC 中，同一图层可以添加多个内阴影样式。

具体的操作步骤如下。

◆ Step 01：打开素材文件"投影和内阴影 .psd"。

◆ Step 02：对"图层 1 拷贝"应用内阴影样式，参数设置如图 5-16 所示。

◆ Step 03：对"图层 1 拷贝 2"应用两个内阴影样式，参数设置如图 5-17 所示。

图 5-18 所示为图像未添加内阴影样式、添加一个内阴影样式及添加两个内阴影样式的效果展示。

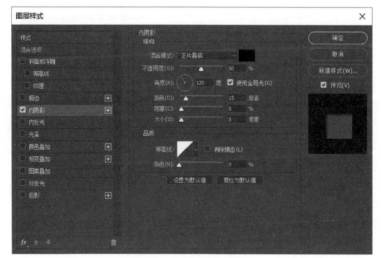

图5-16　内阴影样式参数1

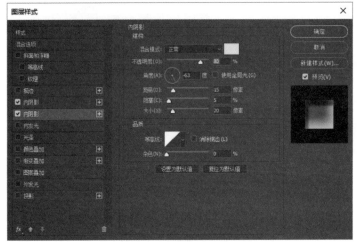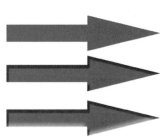

图5-17　内阴影样式参数2　　　　　　　　　图5-18　内阴影效果展示

内阴影的选项基本与投影相同，不同的是内阴影还包括"阻塞"选项，该选项用于设置阴影内缩的大小。

3. 斜面和浮雕

斜面和浮雕样式可以让图像呈现出立体感。该图层样式中一共有 5 种样式可供选择，分别是内斜面、外斜面、浮雕效果、枕状浮雕、描边浮雕。其中，内外斜面样式就是在图像的边缘加入内斜面或外斜面。浮雕，顾名思义就是为图层加入浮雕效果。而枕状浮雕和描边浮雕则是形成类似冲压枕状或描边笔画感。

斜面和浮雕样式还有等高线和纹理子选项可供选择。等高线是模拟光在图像上的反射效果，可以调节图像边缘的凹凸效果；纹理可为图像添加材质感。

具体的操作步骤如下。

◆ Step 01：打开素材文件"斜面和浮雕 .psd"。

◆ Step 02：对"图层 1 拷贝"应用斜面和浮雕样式，参数设置如图 5-19 所示。

◆ Step 03：对"图层 1 拷贝 2"应用斜面和浮雕样式，参数设置如图 5-20 所示。

图 5-21 所示为图像未添加斜面和浮雕样式、添加"斜面和浮雕 – 浮雕"样式及进一步设置等高线参数的样式效果展示。

4. 内发光和外发光

内发光在图像边缘的内部产生发光效果，外发光在图像边缘的外部产生发光效果，提升图像的亮度。

具体的操作步骤如下。

◆ Step 01：打开素材文件"内发光和外发光 .psd"。

◆ Step 02：对"图层 1 拷贝"应用内发光样式，参数设置如图 5-22 所示。

◆ Step 03：对"图层 1 拷贝 2"应用外发光样式，参数设置如图 5-23 所示。

图 5-24 所示为图像未添加内发光和外发光样式、添加"内发光"样式及添加"外发光"样式的效果展示。

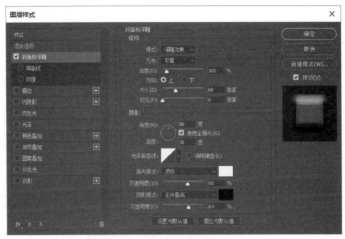

图5-19　斜面和浮雕参数设置1

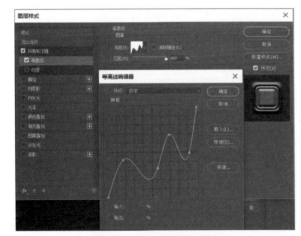

图5-20　斜面和浮雕参数设置2

图5-21　斜面和浮雕效果展示

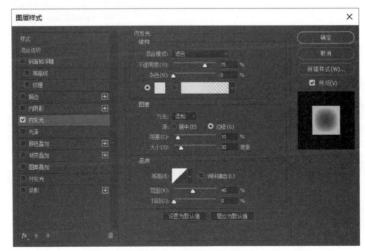

图5-22　内发光参数设置

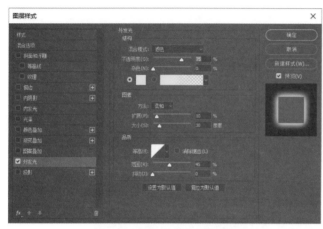

图5-23　外发光参数设置　　　　　　　图5-24　内发光和外发光效果展示

在设置内发光和外发光样式参数的过程中，需要注意以下几点。

（1）对于"混合模式""不透明度""杂色""阻塞""扩展""大小""等高线"等与"投影"样式和"内阴影"样式相同的选项，参数设置概念相同或相似。

（2）发光有"颜色"和"渐变"可供选择。

（3）发光方法有"柔和"和"精确"可供选择。

（4）"范围"选项用于设置等高线应用范围。

（5）"抖动"选项用于设置在光中产生的颜色杂点。

（6）内发光样式的"源"选项设置光线从图像的中心还是边缘向外扩展。

5．光泽

光泽样式可以为图像制造出光泽质感效果。

具体的操作步骤如下。

◆ Step 01：打开素材文件"光泽 .psd"。

◆ Step 02：对"图层 1 拷贝"应用光泽样式，参数设置如图 5-25 所示。

图 5-26 所示为完成光泽样式的效果对比展示。

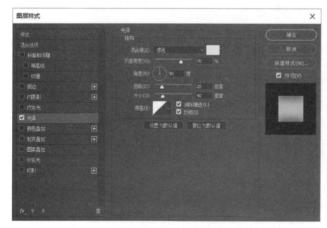

图5-25　光泽参数设置　　　　　　　　　图5-26　光泽效果对比展示

### 6. 颜色叠加、渐变叠加和图案叠加

颜色叠加、渐变叠加和图案叠加这 3 个样式都是对图像进行样式效果叠加，所叠加的分别为单一颜色、渐变色和图案。在 Photoshop CC 中，"颜色叠加"和"渐变叠加"可以进行多次叠加。具体的操作步骤如下。

◆ Step 01：打开素材文件"叠加 .psd"。

◆ Step 02：对"图层 1 拷贝"应用颜色叠加样式，参数设置如图 5-27 所示。

◆ Step 03：对"图层 1 拷贝 2"应用渐变叠加样式，参数设置如图 5-28 所示。

◆ Step 04：对"图层 1 拷贝 2"应用图案叠加样式，参数设置如图 5-29 所示。

图 5-30 所示为原图像和分别应用了颜色叠加、渐变叠加和图案叠加样式的效果对比展示。

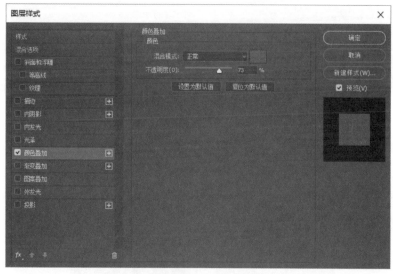

图5-27　颜色叠加参数设置

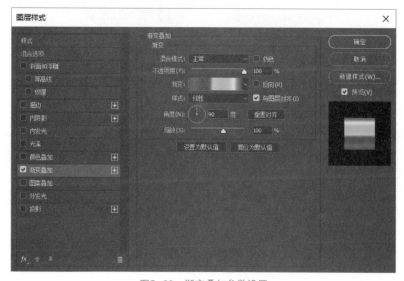

图5-28　渐变叠加参数设置

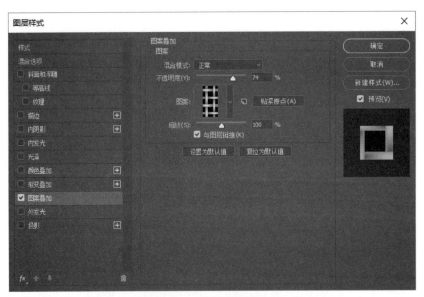

图5-29　图案叠加参数设置

图5-30　原图像及颜色叠加、渐变叠加、图案叠加效果对比展示

### 7. 描边

描边，顾名思义就是描绘图像的边缘轮廓。在描边样式中，可设置描边的大小、位置和填充类型（渐变、色彩、图案）等。在 Photoshop CC 中，描边图层样式可以添加多个。

具体的操作步骤如下。

◆ Step 01：打开素材文件"描边 .psd"。

◆ Step 02：对"描边拷贝"应用描边样式，参数设置如图 5-31 所示。

◆ Step 03：对"描边拷贝 2"应用两个描边样式，参数设置如图 5-32 所示。

图 5-33 所示为图像未添加描边样式、添加"描边 – 颜色"样式及进一步添加"描边 – 渐变"样式的效果展示。

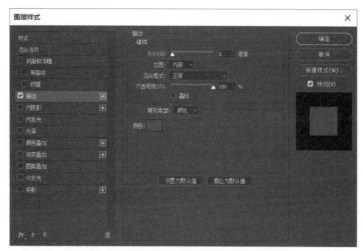

图5-31　描边参数设置1

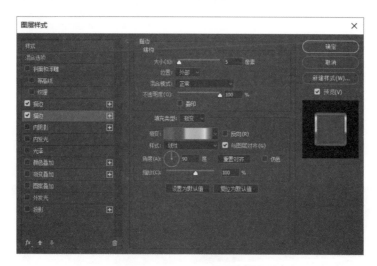

图 5-32　描边参数设置 2

描　边

描　边

描　边

图5-33　描边样式效果展示

### 5.4.3 图层样式的编辑

图层样式编辑的操作包括图层样式的复制、图层样式的清除和图层样式的创建等，具体方法如表5-4所示。

表5-4 图层样式的编辑

| 类别 | 操作方法 |
|---|---|
| 图层样式的复制 | 选中要复制图层样式的图层，单击鼠标右键，在弹出的快捷菜单中选择"拷贝图层样式"，然后选中目标图层并单击鼠标右键，在弹出的快捷菜单中选择"粘贴图层样式" |
| 图层样式的清除 | 选中要复制图层样式的图层，单击鼠标右键，在弹出的快捷菜单中选择"清除图层样式" |
|  | 在"图层"面板上选中图层的图层样式效果，将"样式效果"拖曳到"删除"按钮上 |
|  | 单击"样式"面板底部的"清除样式"按钮 |
| 图层样式的创建 | 在"图层样式"对话框中选择位于右边的"新建样式"选项 |
|  | 单击"样式"面板底部的"创建新样式"按钮 |

## 5.5 真题实例

本节的实例旨在通过使用图层样式增强图像的真实感、立体感。

具体的操作步骤如下。

◆ Step 01：打开素材文件"图层样式实例1""图层样式实例2""图层样式实例3"，如图5-34所示。

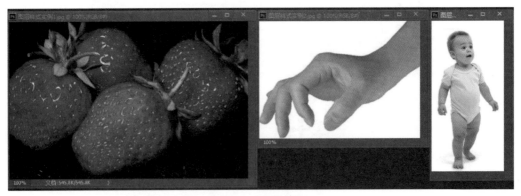

图5-34 素材文件

◆ Step 02：抠选出"图层样式实例2"和"图层样式实例3"中的手和小孩，放入"图层样式实例1"中，调整好大小与位置，效果如图5-35所示。此时可以看见手和小孩皆浮在草莓上，图像整体显得太过平面。

◆ Step 03：给"图层1"（手图像）添加"投影"样式，参数设置如图5-36所示，效果如图5-37所示。

图5-35　抠选两个图像并放入同一文档后的效果

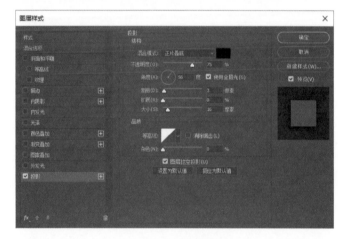

图5-36　投影参数设置

图5-37　"图层1"投影样式效果

◆ Step 04：给"图层2"（小孩图像）添加"投影"样式，参数设置如图 5-38 所示，最终效果
　　　　　如图 5-39 所示。完成后，手和小孩的真实感和立体感都得到了增强，保存最终图像。

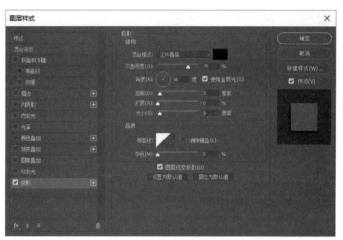

图5-38　投影参数设置

图5-39　最终效果

# 5.6 知识能力测试

一、选择题

1. 同一个图像文件中的所有图层具有相同的（　　）。

　　A. 路径　　　　　　B. 通道　　　　　　　C. 分辨率　　　　D. 其他选项都不对

2. 将文本图层转换为普通图层的方法是（　　）。

　　A. "图像"→"调整"→"普通图层"　　　　B. "图层"→"文本图层"→"普通图层"

　　C. "编辑"→"图层"→"普通图层"　　　　D. "图层"→"栅格化"→"图层"

3. 下面对图层面板中背景图层的描述正确的是（　　）。

　　A. 背景图层转化为普通图层后，可以执行图层所能执行的所有操作

　　B. 背景图层始终是在所有图层的最上面

　　C. 背景图层不可以转化为普通图层

　　D. 可以将背景图层转化为普通图层，但是名称不能改变

4. 填充图层不包括（　　）。

  A. 纯色填充图层     B. 快照填充图层

  C. 渐变填充图层     D. 图案填充图层

5.（　　）可以复制一个图层。

  A. 选择"编辑"→"复制"   B. 选择"图像"→"复制"

  C. 选择"文件"→"复制图层"  D. 将图层拖曳到图层面板下方创建新图层的图标上

6.（　　）可以不建立新图层。

  A. 使用文字工具在图像中添加文字 B. 使用鼠标将当前图像拖曳到另一张图像上

  C. 双击图层调板的空白处   D. 单击图层面板下方的新建按钮

7. 要使某图层与其下面的图层合并可按（　　　）组合键。

  A.【Ctrl】+【D】     B.【Ctrl】+【E】

  C.【Ctrl】+【L】     D.【Ctrl】+【K】

8. 可以快速弹出图层面板的快捷键是（　　　）。

  A.【F7】   B.【F5】   C.【F8】   D.【F6】

二、操作题

1. 打开素材文件"操作题 1.jpg"，运用调整图层，制作出如图 5-40 所示效果。

2. 打开素材文件"操作题 2.psd"，通过复制图层样式，制作出如图 5-41 所示效果。

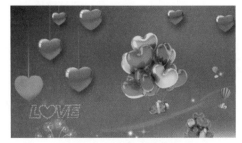

  图5-40　操作题1效果图     图5-41　操作题2效果图

3. 打开素材文件"操作题 3.psd"，运用填充图层和图层样式，制作出如图 5-42 所示效果。

图5-42　操作题3效果图

Photoshop CC

Chapter

# 6

## 第6章
## 蒙版和通道的应用

蒙版和通道是创建选区和编辑局部图像效果最常用的工具。蒙版可以使选取或指定的区域不被编辑，在编辑图像时能起到遮蔽作用，具有高级选择功能，可用于抠图或合成效果。通道可存储不同类型信息的灰度图像，还可创建精确的选区，是图像的另外一种显示方式，主要用来保存图像中的选区和颜色信息。

本章主要介绍蒙版和通道的基本概念和编辑技巧，并通过实例介绍其功能。

## 6.1　蒙版简介

在使用 Photoshop 编辑处理图像时，经常需要保护图像的局部，使它们不受各种处理操作的影响，那么就可以采用蒙版来实现。蒙版就像喷绘时使用的挡板一样，可以用来限制颜料的喷绘范围。Photoshop 中的蒙版不仅能够保护局部图像，还具有不同层次的保护范围功能，可改变图像的效果展示。

Photoshop 中的蒙版将不同的灰度色值转化为不同的透明度，并作用于它所在的图层，使图层不同部分的透明度产生相应的变化。其中，蒙版中的纯白色区域可以遮罩下面图层中的内容，显示当前图层中的图像；蒙版中的纯黑色区域可以遮罩当前图层中的图像，显示下面图层中的内容；蒙版中的灰色区域会根据其灰度值呈现出不同层次的透明效果。因此，在蒙版中用白色绘画的区域是可见的，用黑色绘画的区域将被隐藏，用灰色绘画的区域会呈现出半透明效果，如图 6-1 所示。

图6-1　蒙版的原理

## 6.2　蒙版的分类和创建

在 Photoshop 中，可以根据不同工具或者不同命令得到不同类型的蒙版。蒙版大致可以分为两类：快速蒙版和图层蒙版。图层蒙版又可分为普通图层蒙版、矢量蒙版、剪贴蒙版和文本蒙版等。下面分别介绍快速蒙版、普通图层蒙版、矢量蒙版和剪贴图层蒙版的创建方法。

### 6.2.1　快速蒙版

快速蒙版又称为临时蒙版，是使用各种绘图工具来建立蒙版的一种高效方法。在编辑完蒙版并退出后，不被保护的区域会变成选区。将选区作为蒙版编辑，可以用其他工具和滤镜进行修改。下面使用快速蒙版工具创建选区，具体的操作步骤如下。

◆ Step 01：单击"文件"→"打开"命令，打开图像文件"小黄鱼 .jpg"，效果如图 6-2 所示。

◆ Step 02：单击工具箱中的"以快速蒙版模式编辑"按钮▣，进入快速蒙版状态。

◆ Step 03：设置前景色为黑色，单击工具栏中的"画笔工具"按钮✎，在属性栏中设置画笔的笔刷大小和硬度，按住鼠标左键在小黄鱼身上拖曳进行涂抹，使其被填充为半透明的红色，效果如图 6-3 所示。

◆ Step 04：再次单击工具箱中的"以快速蒙版模式编辑"按钮▣，退出快速蒙版。这时可以看到红色蒙版以外的区域成为选区，如图 6-4 所示。

◆ Step 05：按【Ctrl】+【Shift】+【I】组合键，反选完成对小黄鱼的选择，如图 6-5 所示。

图6-2　涂抹前　　　　　　　　　　　　　　图6-3　涂抹后

图6-4　创建选区　　　　　　　　　　　　　图6-5　反选

在默认情况下，在快速蒙版模式中绘制任何图像均呈现出红色半透明状态，并且代表被蒙版区域。当快速蒙版模式中图像与背景图像的色彩有冲突时，可以通过更改"快速蒙版选项"对话框中的颜色值与不透明度值，来改变快速蒙版模式中图像的显示效果。双击工具栏底部的"以快速蒙版模式编辑"按钮▣，即可弹出"快速蒙版选项"对话框，如图 6-6 所示。

### 6.2.2　普通图层蒙版

使用图层蒙版可以改变不同区域中的黑白程度，以控制图像所对应区域的显示或隐藏，从而使当前区域

图6-6　"快速蒙版选项"对话框

中的图层产生特殊的混合效果。普通图层蒙版常用于合成图像，在创建调整图层或应用智能滤镜时，Photoshop 也会自动为其添加普通图层蒙版。

1．使用图层蒙版混合图像

使用图层蒙版混合图像时，要在蒙版上创建黑白渐变，使其有一个渐变的显隐效果。具体的操作步骤如下。

◆ Step 01：打开素材文件"杯子 .jpg"，效果如图 6-7 所示。

◆ Step 02：打开素材叠加图像"花朵 .jpg"，使用移动工具将花朵图像移动到杯子图像上，并调整好位置。

◆ Step 03：选中"图层 1"，单击"图层"面板上的"添加图层蒙版"按钮，效果如图 6-8 所示。

图6-7　杯子素材　　　　　　　　　　　图6-8　添加图层蒙版

◆ Step 04：单击工具箱中的"渐变工具"按钮，在工具选项中设置为黑白径向渐变，中心为白色，如图 6-9 所示。

图6-9　渐变设置

◆ Step 05：选中"图层 1"的图层蒙版，在工作窗口拖曳鼠标创建渐变，效果如图 6-10 所示。

蒙版分为黑蒙版和白蒙版。黑蒙版为遮盖，即不可见；白蒙版为显示，即可见。因此，可以用黑蒙版遮盖不想看到的部分。上例中，在图层蒙版上应用渐变填充，填充的并不是颜色，而是遮挡范围，如图 6-11 所示。

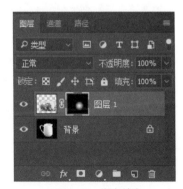

图6-10　图像的合成效果　　　　　　　　图6-11　渐变填充

小提示

　　创建图层蒙版时，也可以在菜单栏中单击"图层"→"图层蒙版"命令，在打开的子菜单中选中"显示全部"命令，将创建一个空白蒙版，并将图像全部显示出来；选中"隐藏全部"命令，将创建一个全黑蒙版，图层中的图像将全部被遮盖；选择"显示选区"命令，将根据图层中的选区创建蒙版，只显示选区中的图像，其他区域的图像被遮盖；选择"隐藏选区"命令，将选区反转后创建蒙版，遮盖选区内的图像，其他区域的图像仍然显示。

2. 基于选区创建图层蒙版

在叠加图像上创建选区，然后通过选区创建图层蒙版。选区以内的内容会显示，选区以外的内容会隐藏。通过设置羽化区域，同样可以获得上例的渐变效果。其具体的操作步骤如下。

◆ Step 01：打开素材文件"杯子 .jpg"和叠加图像"花朵 .jpg"，将后者拖曳到前者文件中创建新图层。

◆ Step 02：选择"椭圆形选区工具"创建合适的选区，并修改羽化值为"30 像素"。

◆ Step 03：单击"图层"面板上的"创建图层蒙版"按钮，即可完成操作。

### 6.2.3 矢量蒙版

矢量蒙版是使用路径和矢量形状来创建蒙版的，通常会用到钢笔工具、自定义形状工具等矢量工具。矢量蒙版中的路径与分辨率无关，因此在缩放时，轮廓不会产生锯齿。矢量蒙版可以创建锐边、边缘清晰的形状，常用来制作 Logo 等。矢量蒙版是一种在矢量状态下编辑蒙版的特殊方式，而图层蒙版和剪贴蒙版是基于像素的蒙版。

1. 创建矢量蒙版

创建矢量蒙版的具体操作步骤如下。

◆ Step 01：打开素材文件"相框 .jpg"，效果如图 6-12 所示。

◆ Step 02：打开素材文件"照片 .jpg"，使用移动工具将图像移动到相框背景中，并调整好位置。

◆ Step 03：创建显示路径。单击工具箱中的"自定义形状工具"按钮 ，在选项栏中选中"路径"选项 ，在形状下拉列表中选择合适的形状，绘制心形图案，如图 6-13 所示。

◆ Step 04：调整路径。使用工具箱中的"路径选择工具"选中路径，然后单击"编辑"→"自由变换路径"命令，调整路径的大小和位置。

图6-12　相框背景 　　　　　　　　　　　　图6-13　创建路径

2. 编辑图形

创建矢量蒙版后，可直接选中矢量蒙版，然后调整路径，以改变形状。当然，也可以单击"编辑"→"变换路径"命令，调整路径的形状和方向（或按【Ctrl】+【T】组合键）。

具体的操作步骤如下。

◆ Step 01：在上例的基础上添加蒙版。单击"图层"→"矢量蒙版"→"当前路径"命令，创建矢量蒙版（在按住【Ctrl】键的同时，单击"图层"面板上的"添加图层蒙版"按钮 ，也可以创建矢量蒙版），效果如图 6-14 所示。

◆ Step 02：单击"编辑"→"变换路径"命令或按【Ctrl】+【T】组合键，进入变换状态。通过拖曳的方式，可以改变心形的方向和大小直至合适的状态。

◆ Step 03：调整结束后，单击"提交编辑"。

### 3. 添加形状

创建矢量蒙版后，可继续编辑矢量蒙版，使效果更好。编辑矢量蒙版时，可使用自定义形状工具直接在蒙版中添加形状。具体的操作步骤如下。

◆ Step 01：在上例操作的基础上选择其他形状，绘制路径作为点缀，效果如图 6-15 所示。

图6-14　矢量蒙版效果

图6-15　路径点缀效果

◆ Step 02：选择矢量蒙版图层，单击"图层"→"栅格化"→"矢量蒙版"命令，即可栅格化矢量蒙版，使其转化为普通图层蒙版。

### 4. 删除矢量蒙版

如果要删除创建的矢量蒙版，可分为两种情况处理：第一，删除矢量蒙版的一部分，可用工具箱中的路径选择工具选中要删除的矢量形状，按【Delete】键直接删除；第二，删除整个矢量蒙版，可在"图层"面板中将该矢量蒙版拖曳到"删除图层"图标上进行删除。

矢量蒙版与图像的分辨率无关，它是由钢笔工具或各种形状工具创建的路径，通过路径和矢量形状来控制图像的显示区域，可使显示区域的边缘清晰而光滑。

## 6.2.4　剪贴蒙版

剪贴蒙版由两部分组成：基底图层和内容图层。基底图层是位于剪贴蒙版底端的一个图层，内容图层则可以有多个。剪贴蒙版的原理是通过使用处于下方图层的形状来限制上方图层的显示状态。也就是说，基底图层用于限定最终图像的形状，而内容图层则用于限定最终图像的颜色图案。剪贴蒙版的原理示意图如图 6-16 所示。

（a）原图　　（b）基底图层和内容图层

图6-16　剪贴蒙版的原理示意图

小提示　剪贴蒙版的内容图层不仅可以是普通的像素图层，也可以是"调整图层""形状图层""填充图层"等。使用"调整图层"作为剪贴蒙版中的内容图层非常常见，主要用于对某一图层的调整而不会影响其他图层。

### 1. 剪贴蒙版的创建

下面利用剪贴蒙版让白裙变花裙，具体操作步骤如下。

◆ Step 01：打开素材文件"白裙 .jpg"，单击工具箱中的"钢笔工具"按钮 ，勾选出白裙区域并转换为选区，如图 6-17 所示。

◆ Step 02：按【Ctrl】+【J】组合键为选区部分复制出一个新的图层。

◆ Step 03：打开素材文件"蓝花 .jpg"，移入白裙图像中，适当调整大小和位置，如图 6-18 所示。

◆ Step 04：右键单击蓝花所在的图层，在弹出的快捷菜单中选择"创建剪贴蒙版"命令（或按【Alt】+【Ctrl】+【G】组合键），然后设置图层混合模式为"强光"、不透明度为"70%"，最终效果如图 6-19 所示。

图6-17　勾选裙子　　　　图6-18　蓝花素材的处理　　　　图6-19　最终效果

### 2. 调整和释放剪贴图层

创建剪贴蒙版后，可将其他图层（相邻）添加进剪贴蒙版组中，或从蒙版组中释放出来。具体的操作步骤如下。

◆ Step 01：打开素材文件"剪贴蒙版调整 .PSD"，效果如图 6-20 所示。

◆ Step 02：按住【Alt】键，将鼠标指针移动到"图层 2"和"图层 1"的分界线上，待鼠标指针变成 形状时单击左键，将"图层 2"拖曳至"图层 1"与基底图层的分界线处，释放鼠标即可完成操作，效果如图 6-21 所示。

◆ Step 03：使用同样的方法将"图层 3"创建成剪贴蒙版的内容图层，效果如图 6-22 所示。

◆ Step 04：将上述操作完成后，释放剪贴蒙版就非常简单了。如果要将剪贴蒙版全部释放，可在按住【Alt】键的同时，将鼠标指针移动到基底图层和内容图层的分界线上，待指针变成 形状时单击鼠标左键即可。

当然，还可以使用菜单命令的方式释放剪贴蒙版。选择"图层 1"为当前图层，单击"图层"→"释放剪贴蒙版"命令（按【Alt】+【Ctrl】+【G】组合键），即可将全部的内容图层释放。如果选择"图层 2"执行以上操作，则仅释放"图层 2"以上的内容图层。

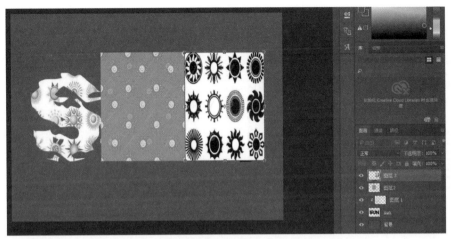

图6-20 剪贴蒙版素材

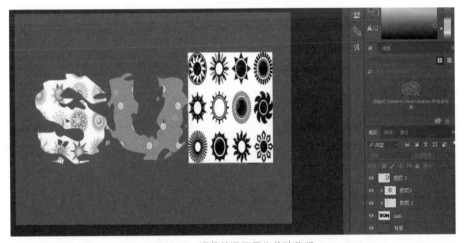

图6-21 调整普通图层为剪贴蒙版

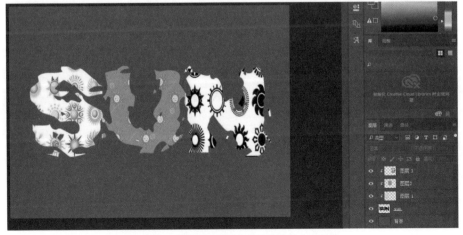

图6-22 调整普通图层为剪贴蒙版的内容图层

图6-23    最终效果

◆ Step 05：释放任意内容图层，都可使用鼠标拖曳的方法。按住鼠标左键，拖曳想要释放的内容图层到普通图层上，然后释放即可。

◆ Step 06：给"sun 图层"添加图层样式，勾选"描边"样式，设置颜色为"黑色"、大小为"6 像素"，最终效果如图 6-23 所示。

当设置剪贴蒙版时，也可通过图层的不透明度和混合模式属性创建特殊效果。如果设置基底图层的不透明度和混合模式，则对所有内容图层起作用；如果设置内容图层的不透明度与混合模式，则只对该图层起作用。用户可操作本例，自行演示其效果。

# 6.3    通道简介

通道用于存储图像的颜色信息和选区信息等不同类型信息的灰度图像。每幅图像都由多个颜色通道构成，每个颜色通道分别保存相应颜色的信息。通道是选取图层中某部分图像的重要手段，可以通过各种运算来合成具有特殊效果的图像，如 RGB 模式的图像由红色、绿色和蓝色 3 种不同的原色组成，而用来记录这些原色信息的对象就是通道。在 Photoshop 中新建一个图像时，将自动创建颜色信息通道，而图像的颜色模式决定了通道的数量。只要是支持图像颜色模式的格式，都可以保留颜色通道。

# 6.4    通道的分类和创建

通道作为图像的组成部分，与图像的格式密切相关。图像的颜色、格式决定了通道的数量和模式。Photoshop 主要包含 3 种类型的通道：颜色通道、Alpha 通道和专色通道。用户可以对通道进行明暗度的调整，从而制作出特殊的图像效果。

## 6.4.1    颜色通道

颜色通道主要用于记录图像中颜色的分布信息，可以方便地在颜色对比度较大的图像中选择选区。颜色通道就如同摄影胶片一样，其灰度代表了一种颜色的深度，记录着图像内容的信息。不同颜色模式的图像，其颜色通道也不相同。RGB 模式包括 RGB、红、绿和蓝 4 个颜色通道，如图 6-24 所示。CMYK 模式包括 CMYK、青色、洋红、黄色和黑色 5 个颜色通道，如图 6-25 所示。Lab 模式图像包含明度、a 通道、b 通道和一个复合通道，如图 6-26 所示。灰度模式只有 1 个颜色通道，如图 6-27 所示。

小提示

RGB 模式中的 RGB 通道和 CMYK 模式中的 CMYK 通道是复合通道，是下方各颜色通道叠加后产生的效果。若隐藏其中任何一个通道，复合通道也将自动隐藏。

图6-24　RGB模式

图6-25　CMYK模式

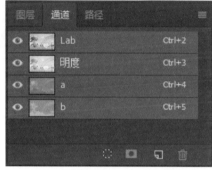

图6-26　LAB模式

图6-27　灰度模式

### 6.4.2　Alpha通道

Alpha 通道与选区有着密切的关系，它可以创建由黑到白共 256 级灰度色。Alpha 通道主要有 3 种用途：一是保存选区；二是可以将选区存储为灰度图像，这样用户就能使用画笔、加深、减淡等工具及各种滤镜，通过编辑 Alpha 通道来修改选区；三是可以从 Alpha 通道中载入选区。

Alpha 通道中的纯白色区域为选区，纯黑色区域为非选区，灰色区域为羽化选区。在图像中，正常显示的区域表示被选中的区域，而被红色覆盖的区域表示不能被选择的区域。

具体的操作步骤如下。

◆ Step 01：打开素材文件"苹果 .jpg"，效果如图 6-28 所示。

◆ Step 02：在图像中苹果所覆盖的区域创建选区，效果如图 6-29 所示。

图6-28　苹果素材

图6-29　创建选区

◆ Step 03：单击"选择"→"存储选区"命令，弹出"存储选区"对话框（单击"通道"面板上的"将选区存储为通道"按钮，创建同样的 Alpha 通道），如图 6-30 所示。

◆ Step 04：单击"确定"按钮，存储选区。此时，在"通道"面板中也新建了一个名为"Alpha1"的 Alpha 通道，如图 6-31 所示。

图6-30　"存储选区"对话框

图6-31　通过选区创建Alpha通道

**小提示**

Alpha 通道是自定义通道，创建该通道时，如果没有为其命名，那么 Photoshop 就会使用 AlphaN 这样的名称（N 为自然数，按照创建顺序依次排列）。

◆ Step 05：在具有黑白双色的 Alpha 通道中，单击"滤镜"→"滤镜库"命令，在弹出的对话框中选择"素描"选项组中的"半调图案"选项，可设置滤镜的相应参数，单击"确定"按钮便可以使 Alpha 通道呈现出复杂的图像，效果如图 6-32 所示。

◆ Step 06：单击"通道"面板底部的"将通道作为选区载入"按钮，载入该通道中的选区。返回 RGB 通道后，按【Ctrl】+【J】组合键复制选区中的图像，即可得到复杂纹理的图像效果，如图 6-33 所示。

图6-32　滤镜效果

图6-33　复杂纹理效果

### 6.4.3　专色通道

在进行包含颜色较多的特殊性印刷时，除了默认的颜色通道外，用户还可以创建专色通道。即用特殊的预混合油墨来替代或补充印刷色（CMYK）油墨，如明亮的橙色、绿色、荧光色、金属银色、烫金版、凹凸版、局部光油版等。专色通道就是用于存储专色的一种特殊通道，可以准确地控制印刷中的颜色传递，并呈现出 CMYK 四色印刷所无法达到的色域。具体的操作步骤如下。

◆ Step 01：在上例的基础上，将选区载入并反向，单击"通道"面板右上角的三角形按钮■，执行"新建专色通道"命令，调出"新建专色通道"对话框，如图 6-34 所示。

图6-34　"新建专色通道"对话框

◆ Step 02：单击"颜色"色块，可设置专色。在颜色库中选取专色蓝色（代号：PANTONE 286 C），在"密度"文本框中输入密度值"50"。

◆ Step 03：单击"确定"按钮，新建"专色 1"专色通道，"通道"面板显示如图 6-35 所示。最终效果如图 6-36 所示。

图6-35　新建通道显示专色1

图6-36　最终效果

在创建专色通道的过程中，可采用白色和黑色进行绘制来增加和减少颜色范围，并可将 Alpha 通道转变为专色通道（双击通道缩览图，设置通道选项），这里不再赘述。

小提示　　专色通道常用于需要专色印刷的印刷品。由于使用 CorelDRAW 等图像软件也可以达到这一效果，所以专色通道的功能往往容易被人忽略。

## 6.5　真题实例

通道是一种非常强大的抠图工具，可使用它将选区存储为灰度图像，再使用各种绘图工具、选择工具和滤镜来编辑通道，从而抠出精确的图像。由于可以使用许多重要的功能编辑通道，在通道中对选区进行操作时，就要求操作者具备融会贯通的能力。下面通过一道真题来讲解通道抠图的方法，该题的原图和效果图如图 6-37 所示。具体的操作步骤如下。

（a）原图　　　　　　　　　　（b）效果图

图6-37　原图和效果图

◆ Step 01：使用 Photoshop 打开"flower.jpg"和"beauty.jpg"。

◆ Step 02：将"beauty.jpg"的背景图层转换为普通图层，然后打开"通道"面板，复制红通道，
　　　　　　单击"图像"→"调整"→"曲线"命令，让阴影部分更暗、高光部分更亮。"曲线"
　　　　　　对话框如图 6-38 所示，"曲线"调整效果如图 6-39 所示。

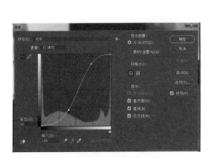

图6-38　"曲线"对话框　　　　　　　图6-39　"曲线"调整效果

◆ Step 03：复制上一步得到的"红通道"副本，重复上一步骤。

◆ Step 04：单击"图像"→"调整"→"反向"命令，将"红通道副本 2"图层反向。

◆ Step 05：将前景色设置为"白色"，选择画笔工具，在人物所在区域上涂抹直至人物全部变为白
　　　　　　色，效果如图 6-40 所示。单击"通道"面板下方的"将通道作为选区载入"按钮，
　　　　　　切换至"图层"面板，发现人物包括头发全部被选中。单击"选择"→"反选"命令，
　　　　　　按删除键将背景删除，效果如图 6-41 所示。

图6-40　涂抹后效果　　　　　图6-41　删除背景后效果

◆ Step 06：将上一步得到的人物拖曳到"flower.jpg"图层上合适的位置，释放鼠标并调整大小，选择"图层 1"，单击"图层"→"修边"→"移去白色杂边"命令，对人物边缘做适当调整，更换背景后效果如图 6-42 所示。

图6-42　更换背景后效果

# 6.6 知识能力测试

一、选择题

1. 若要进入快速蒙版状态，应该（　　）。
　　A. 建立一个选区　　　　　　　　　　B. 选择一个 Alpha 通道
　　C. 单击工具箱中的快速蒙版图标　　　D. 单击编辑菜单中的快速蒙版

2. 蒙版抠图的原理是（　　）。
　　A. 删除图像不需要的部分　　　　　　B. 黑色控制显示，白色控制隐藏
　　C. 灰色控制显示，黑色控制隐藏　　　D. 白色控制显示，黑色控制隐藏

3. Photoshop 的当前图像中存在一个选区，按【Alt】键单击"添加蒙版"按钮，与不按【Alt】键单击"添加蒙版"按钮，其区别是（　　）。
　　A. 蒙版恰好是反相的关系
　　B. 没有区别
　　C. 前者无法创建蒙版，而后者能够创建蒙版
　　D. 前者在创建蒙版后选区仍然存在，而后者在创建蒙版后选区不再存在

4. 如果在图层上增加一个蒙版，当要单独移动蒙版时，下面的操作正确的是（　　）。
　　A. 首先单击图层上面的蒙版，然后选择移动工具就可移动了
　　B. 首先单击图层上面的蒙版，然后单击"选择"→"全选"命令，用选择工具拖曳
　　C. 首先要解掉图层与蒙版之间的锁，然后选择移动工具就可移动了
　　D. 首先要解掉图层与蒙版之间的锁，其次选择蒙版，最后选择移动工具就可移动了

5. Photoshop 中下面关于图层蒙版叙述正确的是（　　）。
　　A. 使用图层蒙版能够隐藏或显示部分图像
　　B. 使用蒙版能够很好地混合两幅图像

  C.　使用蒙版能够避免颜色损失

  D.　使用蒙版可以减少文件大小

6.　Alpha 通道最主要的用途是（　　　）。

  A.　保存图像色彩信息　　　　　　　　　　B.　创建新通道

  C.　用来存储和建立选择范围　　　　　　　D.　为路径提供通道

7.　以下操作可将通道转换为选区的是（　　　）。

  A.　按住【Ctrl】键，单击通道副本　　　　　B.　按住【Shift】键，单击通道副本

  C.　按住【Ctrl】+【Shift】组合键，单击通道副本　　D.　直接单击通道副本

8.　当将 CMYK 模式的图像转换为多通道模式时，产生的通道名称是（　　　）。

  A.　青色、洋红、黄色、黑色　　　　　　　B.　青色、洋红、黄色

  C.　4 个名称都是 Alpha 通道　　　　　　　D.　4 个名称都是 Black（黑色通道）

9.　当在 RGB 模式的图像中加入一个新通道时，该通道是（　　　）。

  A.　红色通道　　　　　　B.　绿色通道　　　　　C.　Alpha 通道　　　　D.　蓝色通道

10.　下列有关创建专色通道的叙述不正确的是（　　　）。

  A.　可直接创建空的专色通道　　　　　　　B.　可通过选区创建专色通道

  C.　可以把 Alpha 通道转换成专色通道　　　　D.　可直接通过路径创建专色通道

二、操作题

  1.　打开素材文件"粉红背景 .jpg"和"婴儿照片 .jpg"，利用蒙版知识和技术制作透明渐变效果，如图 6-43 所示。将完成作品保存为"练习 1.jpg"。

  2.　打开素材文件"女士照片 .jpg"和"雪花背景 .jpg"，利用蒙版知识和技术制作合成飘雪效果，如图 6-44 所示。将完成作品保存为"练习 2.jpg"。

  3.　打开素材文件"书本 .jpg"和"漫画 .jpg"，利用通道及图层知识和技术制作动漫书效果，如图 6-45 所示。将完成作品保存为"练习 3.jpg"。

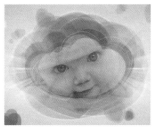　　　　

图6-43　练习1效果图　　　　　图6-44　练习2效果图　　　　　图6-45　练习3效果图

Photoshop CC

Chapter

**7**

## 第7章
## 路径的应用

　　路径是矢量对象，不受分辨率的影响。本章主要介绍路径的基本概念、创建路径的工具类型、路径的基本操作。通过本章的学习，读者可以掌握利用钢笔工具和形状工具创建路径的方法、路径和选区的相互转换及对路径进行填充和描边等操作。

# 7.1 路径的基本概念

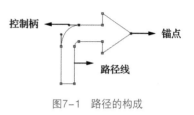

图7-1 路径的构成

一条完整的路径是由锚点、路径线和控制柄构成的，如图 7-1 所示。其中，锚点被选中时是一个实心的方点，没有被选中时是一个空心的方点。

# 7.2 创建路径的工具

## 7.2.1 路径工具

### 1. 钢笔工具

"钢笔工具"可以绘制直线或曲线。单击"钢笔工具"后，其属性栏如图 7-2 所示。在属性栏中勾选"橡皮带"复选框后，可以在绘制路径时看到路径的走向。

图7-2 "钢笔工具"属性栏

单击"钢笔工具"，然后选择工具栏第一个下拉列表中的"路径"选项，即可利用"钢笔工具"创建路径。"钢笔工具"既可以创建直线路径，也可以创建曲线路径。如果要创建闭合路径，可将鼠标指针移动到路径起点，当看到鼠标指针变成光标闭合状态时，单击即可闭合路径。如果要创建开放的路径，按住【Ctrl】键并在画面空白处单击，或者按住【Esc】键即可结束路径的绘制。利用"钢笔工具"分别创建直线路径、曲线路径、开放路径、闭合路径，如图 7-3 所示。

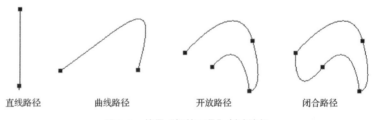

直线路径　　　　曲线路径　　　　开放路径　　　　闭合路径

图7-3 使用"钢笔工具"创建路径

### 2. 自由钢笔工具

使用"自由钢笔工具"可以创建随意的路径，且直接在画布中拖曳鼠标即可。使用"自由钢笔工具"可以进行属性设置，如图 7-4 所示。使用"自由钢笔工具"可随意绘制曲线路径，如图 7-5 所示。

图7-4 "自由钢笔工具"属性设置　　　图7-5 使用"自由钢笔工具"绘制曲线路径

"自由钢笔工具"属性参数介绍如下。

（1）曲线拟合：自动添加锚点的频率，输入的数值越高，所创建的路径锚点就越少。

（2）磁性的：若勾选"磁性的"复选框，可以激活"磁性钢笔工具"的使用，其使用方法与"磁性套索工具"相同。

（3）宽度：输入 1 ~ 256 的像素值，用来指定磁性钢笔探测的距离，数值越大，磁性钢笔探测的距离就越大。

（4）对比：输入 0 ~ 100 的百分比值，用来指定边缘像素间的对比度，数值越大，图像对比度就越低。

（5）频率：输入 0 ~ 100 的数值，用来设置钢笔绘制的路径的锚点密度，数值越大，路径锚点的密度就越大。

（6）钢笔压力：如果使用绘画板，需要勾选该复选框。

**3. 添加锚点工具**

使用"添加锚点工具"可以在路径上添加锚点，图 7-6 所示为绘制源路径与添加锚点的对比效果。

**4. 删除锚点工具**

使用"删除锚点工具"在锚点位置单击即可删除路径上的锚点，如图 7-7 所示。

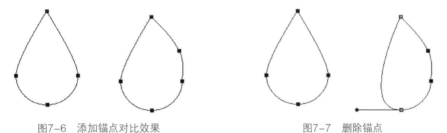

图7-6　添加锚点对比效果　　　　　　　　图7-7　删除锚点

**5. 转换点工具**

使用"转换点工具"可以使平滑点、角点和转角之间相互转换。

（1）若要将角点转换成平滑点，用"转换点工具"单击锚点并拖曳鼠标，使控制柄出现即可，如图 7-8 所示。

（2）若要将平滑点转换成角点，用"转换点工具"单击平滑点即可。

（3）若要将平滑点转换成转角，用"转换点工具"单击控制点并拖曳，更改控制点的位置或控制柄的长短即可，如图 7-9 所示。

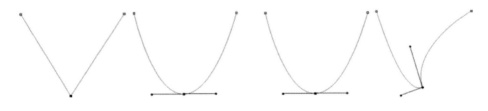

图7-8　将角点转换成平滑点　　　　　　图7-9　将平滑点转换成转角

## 7.2.2　形状工具

Photoshop CC 中的形状工具有 6 种，包括矩形工具、圆角矩形工具、椭圆工具、多边形工具、直线工具、自定形状工具。形状工具的属性栏中包括 3 种属性：形状、路径和像素。

（1）形状：在该模式下可以创建形状路径，如图 7-10 所示。

（2）路径：在该模式下可以创建临时的工作路径，如图 7-11 所示。

（3）像素：在该模式下可以创建一个图形而没有生成路径，如图 7-12 所示。

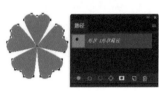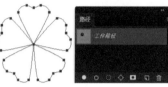

图7-10　"形状"模式　　　　图7-11　"路径"模式　　　　图7-12　"像素"模式

### 1. 矩形工具

"矩形工具"可用来创建矩形或正方形路径。单击并选择"矩形工具"，在画布中按住鼠标左键直接拖曳即可绘制一个矩形。"矩形工具"的属性设置如下。

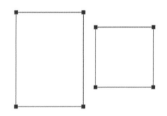

图7-13　矩形和正方形路径

（1）不守约束：可以绘制任意大小的矩形或正方形。

（2）方形：只能绘制任意大小的正方形。

（3）固定大小：输入固定宽度和固定高度，则会按照固定值来创建矩形。

（4）比例：输入相对宽度和相对高度的比例，则会按照此比例来绘制矩形。

（5）从中心：以鼠标指针所在位置为矩形的中心向外扩展绘制矩形。

使用"矩形工具"绘制的矩形和正方形路径如图 7-13 所示。

**小提示**　　　　在使用"矩形工具"的同时，按住【Shift】键可以绘制一个正方形路径；按住【Alt】键，可以绘制以起点为中心的矩形路径；按住【Shift】+【Alt】组合键，可以绘制一个以起点为中心的正方形路径。

### 2. 圆角矩形工具

"圆角矩形工具"与"矩形工具"的使用方法一样，只是多了一个"半径"选项，该选项用于设置圆角的半径，数值越高，圆角就越大。图 7-14 所示为半径是 30 像素和 50 像素的圆角矩形对比效果。

### 3. 椭圆工具

使用"椭圆工具"可以创建规则的圆形，也可以创建不受约束的椭圆形，如图 7-15 所示。

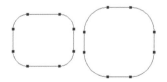

图7-14　半径不同的圆角矩形对比效果　　　　图7-15　椭圆形和圆形路径

小提示 　　与"矩形工具"的使用方法一样，在使用"椭圆工具"的同时，按住【Shift】键可以绘制圆形路径；按住【Alt】键，可以绘制以起点为中心的椭圆路径；按住【Shift】+【Alt】组合键，可以绘制以起点为中心的圆形路径。

### 4. 多边形工具

使用"多边形工具"可以创建多边形和星形，其属性设置选项如下。

（1）半径：用来设置多边形或星形的半径。

（2）平滑拐角：用来创建具有平滑拐角的多边形或星形。

（3）星形：用来创建星形。

（4）缩进边依据：当勾选"星形"时，此选项才会被激活。它用于设置星形的边缘向中心缩进的数量，数值越高，缩进就越大。

（5）平滑缩进：当勾选"星形"时，此选项才会被激活，可以使星形的边平滑缩进。

多边形路径不同参数的绘制效果如图 7-16 所示。

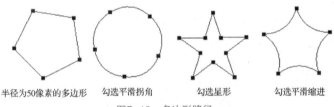

半径为50像素的多边形　　勾选平滑拐角　　勾选星形　　勾选平滑缩进

图7-16　多边形路径

### 5. 直线工具

"直线工具"用来创建直线和带箭头的线段，其属性设置选项如下。

（1）粗细：用来设置直线或者箭头线段的粗细。

（2）起点 / 终点：勾选其中一个，可以在直线的起点或终点处添加箭头；同时勾选两个，可以绘制双箭头。

（3）宽度：用于设置箭头宽度与直线宽度的百分比。

（4）长度：用于设置箭头长度与直线宽度的百分比。

（5）凹度：用于设置箭头的凹陷程度。

使用"直线工具"创建直线和不同选项设置的对比如图 7-17 所示。

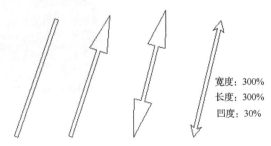

宽度：300%
长度：300%
凹度：30%

5像素直线　　起点箭头　　起点和终点箭头

图7-17　使用"直线工具"创建不同的路径

小提示　在单击鼠标的同时，按住【Shift】键可以绘制水平、垂直或以 45° 为增量的直线。

#### 6. 自定形状工具

Photoshop CC 中自带许多"自定形状工具"，单击上方属性栏中的"形状"下拉菜单，即可打开形状库。单击形状库右上角的按钮，在下拉列表中选择"全部"选项，在弹出的提示框中单击"确定"按钮，即可显示全部图形，如图 7-18 所示。

与其他形状工具创建路径的方法一样，先选择"自定形状工具"，然后在形状库中选择需要的形状，在画布中按住鼠标左键即可创建路径。图 7-19 所示为创建的一个形状名为"原子核"的路径区域。

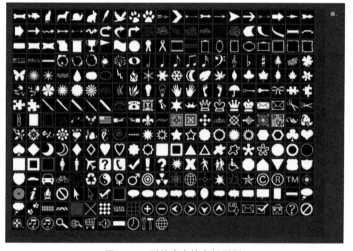

图7-18　形状库中的全部图形

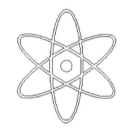

图7-19　"原子核"路径

# 7.3 路径的基本操作

## 7.3.1 "路径"面板

"路径"面板用于存储和管理路径，单击"窗口"→"路径"命令，打开"路径"面板，如图 7-20 所示。

"路径"面板底部各个按钮的含义。

（1）用前景色填充路径：用前景色填充路径区域。

（2）用画笔描边路径：用画笔工具给路径边缘描边。

（3）将路径作为选区载入：将当前

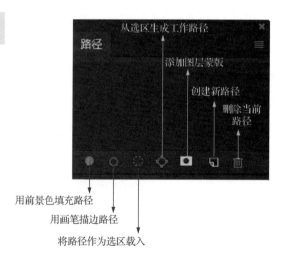

图7-20　"路径"面板

选择的路径转换成选区。

（4）从选区生成工作路径：将当前的选区边界转换成工作路径。

（5）添加图层蒙版：为当前路径添加图层蒙版。

（6）创建新路径：可以创建新的路径。按住【Alt】键并单击该按钮，可以弹出"新建路径"对话框，在对话框中输入路径的名称也可以新建路径。

（7）删除当前路径：选择路径层后，单击该按钮可以删除路径。将路径直接拖曳至该按钮上，也可以删除路径。

### 7.3.2  创建路径

1. 新建路径

（1）绘制直线路径。使用"钢笔工具"绘制的最简单的路径是直线，单击确定第一个点，然后在新的位置单击确定第二个点，这样两点之间就创建了一条直线路径，如图 7-21 所示。按住【Ctrl】键并在画面空白处单击可结束绘制。

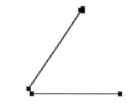

图7-21  直线路径

（2）绘制曲线路径。使用"钢笔工具"或"自由钢笔工具"都可以绘制曲线路径。使用"钢笔工具"单击一个点并拖曳鼠标指针可以绘制一条曲线路径，使用"自由钢笔工具"随意拖曳鼠标即可创建曲线路径，如图 7-22 所示。

创建完曲线路径后，若要接着绘制直线路径，则需要按住【Alt】键并单击最后一个锚点，使方向线只保留一段，松开【Alt】键后在新的位置单击即可，如图 7-23 所示。

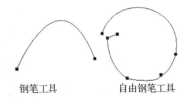

钢笔工具                     自由钢笔工具

图7-22  曲线路径

小提示

创建直线路径的方法比较简单，要记住操作时只需单击鼠标即可，否则将创建曲线路径。如果要创建水平、垂直或以 45° 为增量的直线，可以在按住【Shift】键的同时单击鼠标左键。

（3）绘制开放路径。如果要使用"钢笔工具"创建开放路径，那么创建好后按住【Ctrl】键并在画面空白处单击，或者按住【Esc】键即可结束路径的绘制。

（4）绘制闭合路径。如果要创建闭合路径，将鼠标指针移动到路径的起始锚点，当鼠标指针变成闭合状态时，单击即可闭合路径。

（5）连接开放路径。如果要连接两条开放路径，可以使用"钢笔工具"单击其中一条开放路径的最后一个锚点，然后单击另一条路径的最后一个锚点，当鼠标指针准确定位到锚点上时，将变成图 7-24 所示的状态。

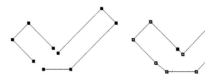

图7-23  创建曲线路径后绘制直线路径        图7-24    连接路径前后对比效果

**2. 存储路径**

使用路径工具创建的路径是临时的"工作路径"。若要存储路径，在"路径"面板中单击右上角的菜单按钮，在弹出的下拉菜单中选择"存储路径"，或双击当前工作路径，弹出"存储路径"对话框，设置好路径名称后，单击"确定"按钮即可存储路径，如图 7-25 所示。

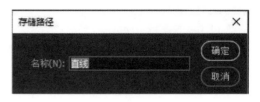

图7-25　"存储路径"对话框

**3. 复制路径**

（1）在同一路径层中复制子路径。用"路径选择工具"选中要复制的路径，在按住【Alt】键的同时拖曳鼠标即可复制路径，如图 7-26 所示。

（2）复制路径层。将选中的路径层拖曳至"路径"面板底部的"创建新路径"按钮上，即可复制一个路径层副本；或者选择要复制的路径层，然后在"路径"面板右上方的下拉菜单中选择"复制路径"，在"复制路径"对话框中给路径命名，也可复制一个路径层副本，如图 7-27 所示。

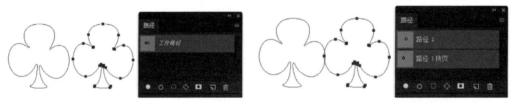

图7-26　复制路径　　　　　　　　　　　　　　图7-27　复制路径层

（3）将路径复制到另一路径层中。先选择要复制的路径层并执行"编辑"→"拷贝"命令，然后选择目标路径层并单击"编辑"→"粘贴"命令，即可将路径复制到另一路径层中。

**4. 删除路径**

选择需要删除的路径层，单击鼠标右键选择"删除路径"命令，或者将路径层拖曳至"删除当前路径"按钮上，均可删除路径。

### 7.3.3　编辑路径

**1. 选择路径**

（1）路径选择工具。"路径选择工具"用于选择整条路径，使用时只需在路径的任意位置单击鼠标就可移动整条路径，也可以框选一组路径进行移动。使用"路径选择工具"选择路径后，路径中的锚点都是实心的圆点，如图 7-28 所示。

（2）直接选择工具。"直接选择工具"用于选择路径中的锚点，在路径的任意一个锚点上单击就可随意移动鼠标或调整方向线以改变路径形状，也可以同时框选多个锚点进行操作。使用"直接选择工具"选择路径后，路径中的锚点都是空心的圆点，如图 7-29 所示。

小提示

在按住【Ctrl】键的同时，单击鼠标左键即可在上述两种工具之间进行切换。

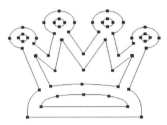

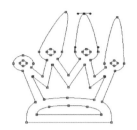

图7-28　使用"路径选择工具"选中路径　　　图7-29　使用"直接选择工具"选中路径

#### 2. 变换路径

用"路径选择工具"选择需要变换的路径，执行"编辑"→"自由变换路径"命令，然后单击鼠标右键，即可对当前路径进行变换。变换路径和变换选区的操作一样，包括缩放、旋转、扭曲、变形、翻转等，如图 7-30 所示。处于变换中的路径四周有一个矩形控制框，直接双击该控制框或按【Enter】键即可完成变换。

#### 3. 路径的运算

路径的运算与前面所讲选区的运算原理相似，通过路径工具属性栏中的选项可以对路径区域进行添加、减去等操作。下面介绍路径运算的 4 种类型，以及"合并形状组件"的使用。

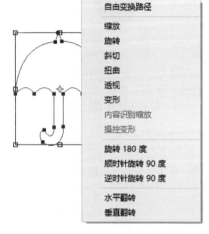

图7-30　变换路径

（1）合并形状：将新的路径区域添加到源路径中。

（2）减去顶层形状：将重叠的路径区域从源路径中减去。

（3）与形状区域相交：新路径区域与源路径区域交叉的区域为最终路径区域。

（4）排除重叠形状：新路径区域与源路径区域不相交的区域为最终路径区域。

（5）合并形状组件：当两个或两个以上的路径区域进行上述 4 种运算后，即合并成一个路径区域。具体的操作步骤如下。

◆ Step 01：使用"自定形状工具"绘制一个较大的爱心路径区域，然后选择"合并形状"绘制另一个爱心路径区域。将前景色的参数设置 R 为 255、G 为 0、B 为 0，在"路径"面板中选择路径，并单击"用前景色填充路径"按钮即可填充当前路径，得到效果如图 7-31 所示。

◆ Step 02：用同样的方法绘制一个爱心路径，然后单击"减去顶层形状"按钮，在第一个爱心路径区域中再绘制一个爱心，并填充当前路径，效果如图 7-32 所示。

图7-31　"合并形状"填充效果　　　　图7-32　"减去顶层形状"填充效果

◆ Step 03：绘制第一个爱心区域，单击"交叉路径区域"按钮，在第一个爱心路径区域中再绘制一个爱心，并填充当前路径，效果如图 7-33 所示。

◆ Step 04：绘制第一个爱心区域，单击"重叠路径区域除外"按钮，在第一个爱心路径区域中再绘制一个爱心，并填充当前路径，效果如图 7-34 所示。

◆ Step 05："合并形状组件"的使用方法是当用上述 4 种运算操作路径区域以后，再执行"合并形状组件"就能显示最终路径区域。图 7-35 所示为合并形状后的最终路径区域。

图7-33 "与形状区域相交"填充效果

图7-34 "排除重叠形状"填充效果

图7-35 "合并形状"最终路径

### 4. 对齐和分布路径

与图层的对齐和分布相似，在单个路径层中，可以对齐和分布路径层中的各个子路径。

（1）对齐路径。使用"路径选择工具"选择需要对齐的多个（一个以上）子路径，然后选择"顶边"对齐选项，对齐前后的对比如图 7-36 和图 7-37 所示。

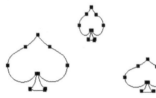
图7-36 对齐路径前

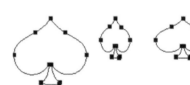
图7-37 顶边对齐路径后

（2）分布路径。使用"路径选择工具"选中子路径（两个以上），然后在选项栏中选择"按宽度均匀分布"选项，分布前后的对比如图 7-38 和图 7-39 所示。

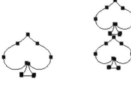
图7-38 分布路径前

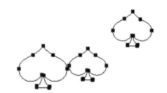
图7-39 按宽度均匀分布路径后

## 7.4 路径的应用

### 7.4.1 选区和路径的转换

#### 1. 将选区转换成路径

单击"路径"面板底部的"从选区生成工作路径"按钮即可把选区转换成路径，具体操作步骤如下。

◆ Step 01：新建一个宽和高都是 800 像素的画布，使用"快速选择工具"创建选区，如图 7-40 所示。

◆ Step 02：单击"从选区生成工作路径"按钮即可把选区转换成当前工作路径，如图 7-41 所示。

图7-40　创建选区

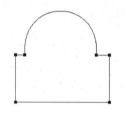

图7-41　将选区转换成路径效果

2．将路径转换成选区

同样的，单击"路径"面板底部的"将路径作为选区载入"按钮即可把路径转换成选区。使用"路径选择工具"选择确定的路径，然后单击"将路径作为选区载入"按钮即可把路径转换成选区。

### 7.4.2　填充路径

1．单击"用前景色填充路径"按钮填充路径

具体操作步骤如下。

◆ Step 01：绘制如图 7-42 所示路径。

◆ Step 02：在"拾色器"中将前景色设置 R 为 92、G 为 0、B 为 244，然后在"路径"面板中选择路径，单击"用前景色填充路径"按钮即可填充路径，如图 7-43 所示。

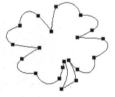

图7-42　绘制路径

图7-43　用前景色填充路径

2．用指定选项填充路径

具体操作步骤如下。

◆ Step 01：沿用图 7-42 所示路径区域，从下列方法中选择一种弹出"填充路径"对话框，通过指定选项填充路径。

（1）按住【Alt】键并单击"用前景色填充路径"按钮，弹出"填充路径"对话框。

（2）按住【Alt】键并将路径拖曳至"用前景色填充路径"按钮上，弹出"填充路径"对话框。

（3）在"路径"面板右上方的菜单中选择"填充路径"，弹出"填充路径"对话框。

◆ Step 02：在弹出的"填充路径"对话框中进行设置，内容选择使用"图案"，自定图案选择"自然图案"类别的第一个图案，如图 7-44 所示。

◆ Step 03：单击"确定"按钮，完成效果如图 7-45 所示。

图7-44 "填充路径"对话框

图7-45 完成效果

### 7.4.3 描边路径

1. 单击"用画笔描边路径"按钮描边路径

具体操作步骤如下。

◆ Step 01：绘制如图 7-46 所示路径。

◆ Step 02：将前景色设置 R 为 130、G 为 6、B 为 130，然后在"路径"面板中选择路径，单击"用画笔描边路径"按钮即可描边路径，如图 7-47 所示。

图7-46 绘制路径

图7-47 用画笔描边路径

2. 用指定选项描边路径

具体操作步骤如下。

◆ Step 01：沿用图 7-46 所示路径区域及前景色，然后选择"画笔工具"，并在工具选项栏中单击"画笔预设"按钮对画笔进行预设，设置画笔笔尖为"74"，大小为"30 像素"，间距为"80%"，其他参数默认，如图 7-48 所示。

◆ Step 02：从下列方法中选择一种弹出"描边路径"对话框，在"工具"下拉列表中选择"画笔"并单击"确定"按钮，如图 7-49 所示。

（1）按住【Alt】键并单击"用画笔描边路径"按钮，弹出"描边路径"对话框。

（2）按住【Alt】键并将路径拖曳至"用画笔描边路径"按钮上，弹出"描边路径"对话框。

（3）在"路径"面板右上方的菜单中选择"描边路径"，弹出"描

图7-48 "画笔预设"面板

边路径"对话框。

    Step 03：完成效果如图 7-50 所示。

图7-49 "描边路径"对话框

图7-50 完成效果

# 7.5 真题实例

    该实例介绍用路径制作创意图案，主要会应用到形状工具和画笔工具，制作之前需要先调出"画笔预设"面板，然后设置想要的纹理和参数。具体的操作步骤如下。

◆ Step 01：打开素材文件"实例 1.jpg"，效果如图 7-51 所示。

◆ Step 02：用"形状工具"绘制出爱心图形的路径，如图 7-52 所示。

图7-51 实例1 素材

图7-52 绘制爱心路径

◆ Step 03：选择"画笔工具"，单击"画笔预设"按钮调出"画笔"面板，将"画笔笔尖形状"设置为柔角"30"，大小"50 像素"，硬度"0%"，间距"50%"；"形状动态"设置为大小抖动"100%"，最小直径"20%"，散布"120%"，数量"5"、数量抖动"100%"；将"纹理"设置为"图案"类别的"云彩"纹理，如图 7-53 所示。

◆ Step 04：上述设置的云彩太浓，没有蓬松的感觉。这时可以将画笔的"不透明度抖动"设置为"50%"，"流量抖动"设置为"20%"，如图 7-54 所示。

◆ Step 05：使用"路径选择工具"选中路径，按【Ctrl】+【T】组合键变换路径，将路径旋转至合适的角度，如图 7-55 所示，按【Enter】键完成变换。

◆ Step 06：新建图层，如图 7-56 所示。

◆ Step 07：在拾色器中将前景色设置为"白色"，单击"画笔工具"，再单击"路径"面板，然后多次单击"用画笔描边路径"按钮。爱心云彩制作完成，最终效果如图 7-57 所示。

图7-53　画笔预设

图7-54　画笔不透明度和流量的设置

图7-55　变换路径

图7-56　新建图层

图7-57　最终效果

# 7.6　知识能力测试

一、选择题

1. 锚点被选中时是一个（　　　）。

　　A. 实心的方点　　　　B. 空心的方点　　　　C. 实心的圆点　　　　D. 空心的圆点

2. 在使用钢笔工具绘制直线时，如果想绘制水平、垂直或以 45°倍数角的直线，可以在按住（　　　）键的同时进行单击。

　　A.【Alt】　　　　　　B.【Ctrl】　　　　　　C.【Shift】　　　　　D.【Shift】+【Ctrl】组合键

3. 使用钢笔工具创建直线点的方法是（　　　）。

　　A. 用钢笔工具直接单击

　　B. 用钢笔工具单击并按住鼠标左键拖曳

　　C. 用钢笔工具单击并按住鼠标左键拖曳使之出现两个把手，然后按住【Alt】键单击

　　D. 在按住【Alt】键的同时用钢笔工具单击

4. 使用钢笔工具可以绘制最简单的是（　　　）。

　　A. 直线　　　　　　　B. 像素　　　　　　　C. 锚点　　　　　　　D. 曲线

5. 当将浮动的选择范围转换为路径时，所创建路径的状态是（　　　）。

    A. 工作路径　　　　B. 开发的子路径　　　　C. 剪贴路径　　　　　　D. 填充的子路径

6. 在以下选项中，不属于"路径"面板中按钮的是（　　　）。

    A. 用前景色填充路径　　　　　　　　B. 用画笔描边路径

    C. 从选区生成路径　　　　　　　　　D. 复制当前路径

7. 下列关于路径的描述错误的是（　　　）。

    A. 路径可以随时转化为浮动的选区

    B. 当对路径填充颜色的时候，路径不可以创建镂空的效果

    C. 路径可以用画笔工具进行描边

    D. 路径调板中路径的名称可以随时修改

8. 有关路径和选区的说法正确的是（　　　）。

    A. 路径和选区不可以相互转换　　　　B. 路径和选区内都可以填充渐变色

    C. 路径和选区都可以用渐变色描边　　D. 将路径转换成选区时可以设置羽化参数

9. 下面关于路径的描述错误的是（　　　）。

    A. 路径保存在"路径"面板中　　　　B. 路径本身不会出现在将要输出的图像中

    C. 路径和形状的创建与编辑方法完全相同　D. 形状被保存在"路径"面板的形状图层中

10. 下面关于路径描述正确的是（　　　）。

    A. 利用铅笔工具可以创建路径　　　　B. 删除路径后方可建立选区

    C. 不能对路径进行填充　　　　　　　D. 可将当前路径转换为选区

二、操作题

1. 打开"练习 1.jpg"，使用"自定形状工具"绘制五线谱效果，并设置如图 7-58 所示立体效果。

2. 打开"练习 2.png"图片素材，制作如图 7-59 所示效果图。

3. 打开"练习 3.jpg"背景图片素材，制作如图 7-60 所示霓虹字效果图。

图7-58　　练习1效果图

图7-59　练习2效果图

图7-60　练习3效果图

Photoshop CC

# 第8章
# 文本的输入与编辑

在平面设计中，文字不仅能传达信息，还能起到美化版面、突出主题的作用。

使用"文字工具"可以创建各种类型的文字，使用"字符"面板和"段落"面板可以设置文字的各种属性。使用特效文字可对文字变形，满足平面设计作品中字体设计的需要。

# 8.1　输入文字

Photoshop 中的文字由基于操作系统自带的字库产生。这些字库皆具有矢量的文字轮廓。如果系统自带的字体不能满足实际的设计需求，可以从网上下载或购买新的字库进行安装。

当使用"横排文字工具"或"直排文字工具"输入文字时，"图层"面板中会自动添加一个新的文字图层。创建文字图层后，可以编辑文字并对其应用图层命令。不过在对文字图层进行栅格化后，Photoshop 会将基于矢量的文字轮廓转换为像素。栅格化文字不具有矢量轮廓，也不能作为文字进行编辑。

当使用"横排文字蒙版工具"或"直排文字蒙版工具"输入文字时，版面会迅速进入快速蒙版模式，不会生成新图层。待文字输入完成后同样能进行文字排版，选择任意的其他工具时，所输入的文字会自动变成选区，并退出快速蒙版模式。

Photoshop CC 中提供了 3 种文字输入方式，分别是以点文字的方式输入、以段落文本的方式输入及以路径文字的方式输入。

---

小提示

安装新字体的步骤如下。

Step 01：下载或购买字库文件。

Step 02：单击"控制面板"→"外观和主题"→"字体"→"文件"→"菜单"→"安装新字体"命令，即可打开"添加字体"对话框，如图 8-1 所示。选择新字体所在的文件夹，系统会自动搜索可安装的字库，并显示在字体列表中。

Step 03：选择要安装的字体并单击"确定"按钮，即可将对应字体安装到系统中，如图 8-2 所示。

另外，也可以将下载的字体文件加以复制，粘贴到 C:\Windows\Fonts 中。

安装好字体后，不但可以在 Photoshop 中见到该字体，还可以在其他软件中使用（例如 Word、Excel、PowerPoint 等）。但应注意：新字体仅能在该系统正常显示，当其他计算机或系统没有安装该字体时，会自动使用系统已有的字体进行替换，无法正常显示设计者要使用的文字。如果在 Photoshop CC 中将文字栅格化成位图，则文字能在任何系统中正常显示，该内容将在 8.2 节详细讲解。

---

图8-1　"添加字体"对话框

图8-2　安装字体

### 8.1.1 输入点文字

点文字是一个水平或垂直文字行，从单击的位置开始，行的长度会随着编辑过程增加或缩短，但不会换行。要在图像中添加少量文字，这是一种有用的方法。具体操作步骤如下。

◆ Step 01：打开素材文件"点文字.jpg"，在工具箱中选择"横排文字工具"，如图 8-3 所示。

◆ Step 02：将文字样式设置为"黑体"，将字号设置为"150 点"，将文字颜色设置为"白色"，如图 8-4 所示。

图8-3 横排文字工具

图8-4 设置文字参数

◆ Step 03：在图像中单击，为文字设置插入点。输入文字"在天愿作比翼鸟"，效果如图 8-5 所示。

在输入文字的过程中，下方出现的水平线条标记的是文字基线。对于直排文字，鼠标指针方向会改成 ⊟ 形状，基线标记同样改成垂直，这是所输入文字字符的中心轴。

图8-5 输入点文字

**小提示**　　打开图像后，使用"横排文字工具"或"直排文字工具"输入文字时，系统会自动产生新的文字图层。若用户已经自行新建了空图层，系统会直接把该新图层改成文字图层，其缩略图是"T"，并用所输入文字代替图层名称。当修改或编辑某文字图层中的文字时，不会再新建图层。

### 8.1.2 输入段落文本

段落文本用于创建和编辑内容较多的文字信息，通常为一个或多个段落。输入段落文本时，文字被限制在定界框内。文字可以在定界框内自动换行，以形成块状的区域文字。可以在图像中画出一矩形范围作为文字定界框，也可以将路径形状定义为文字定界框。通过调整定界框的大小、角度、缩放和斜切可调整段落文本的外观效果，具体操作步骤如下。

◆ Step 01：打开素材文件"段文字.jpg"和"段文字.txt"，在工具箱中选择"横排文字工具"。

◆ Step 02：将鼠标指针移到图像窗口，按住鼠标左键拖出一个矩形框，通过四周的控制点可调整文字框的大小。

如需精确按照某个大小进行设置，可按住【Alt】键，用"横排文字工具"单击图片，打开"段落文本大小"对话框，输入"宽度"值和"高度"值，单击"确定"按钮，如图 8-6 所示。

图8-6 打开"段落文字大小"对话框

◆ Step 03：在虚线的段落文本框中输入文字，或将已有的文字（段文字.txt 中的内容）复制粘贴到框内，将"文字样式"设置为"黑体"，将"字号"设置为"20 点"，将"文字颜色"设置为"白色"。

◆ Step 04：在输入新段落时，按【Enter】键换段，如果输入的文字超出外框，外框上将出现溢出图标（右下角控制点从"⊡"变成"⊞"），添加段文字效果如图 8-7 所示。

图8-7 添加段文字效果

◆ Step 05：为了设计美观，可随时调整外框的大小、旋转或斜切，同时调整文字的显示。

如果需要将特殊的路径框定义为文字定界框，可以通过使用钢笔工具或形状工具在图像中绘制路径定义段落文本的输入。然后选择文字工具，将鼠标指针放置在路径内，当鼠标指针变为 I 形状时单击鼠标，可将路径定义为段落文本定界框，接着在其中输入文字，效果如图 8-8 所示。最终效果如图 8-9 所示。

图8-8　用形状工具绘制路径

小提示

图8-9　最终效果

### 8.1.3　输入路径文字

路径文字就是可以输入沿着用钢笔工具或形状工具创建的工作路径边缘排列的文字，具体操作步骤如下。

图8-10　将选区转换为路径按钮

◆ Step 01：打开素材文件"路径文字 .jpg"，创建沿着蘑菇的路径。用"快速选择工具"选择蘑菇部分，单击"路径"面板下方的"通过选区生成路径"按钮生成路径，如图 8-10 所示。

◆ Step 02：在工具箱中选择"横排文字工具"，在工具栏的选项栏中将"字体"设置为"华文行楷"，将"字号"设置为"30 点"，将"字体颜色"设置为"白色"。将鼠标指针移到路径上，当鼠标指针显示为"⌾"形状时，输入文字"我是美味的小蘑菇"，如图 8-11 所示。

◆ Step 03 ：若在路径中输入文字，同样可以使用"拷贝"和"粘贴"命令。这时只需选中上一步
输入的"我是美味的小蘑菇"，按【Ctrl】+【C】组合键复制，再不断按【Ctrl】+【V】
组合键粘贴到后面的路径中，完成效果如图 8-12 所示。

图8-11　输入路径文字　　　　　　　　　　　　　　图8-12　复制路径文字效果

小提示　　　　　除了可以先创建路径，再输入文字之外，还可以反过来进行操作，即先输入路径文
字，再单击工具箱中的"直接选择工具"按钮　，将鼠标指针移到路径上，单击路径上
的锚点或控制点并拖曳，即可调整路径的形状和方向等，进而影响路径文字的效果。

### 8.1.4　创建选区文字

选区文字是通过"横排文字蒙版工具"或"直排文字蒙版工具"创建的。文字蒙版与快速蒙版相
似，都是一种临时性的蒙版，输入完成后退出蒙版状态，即可转化为选区。文字选区显示在现用图层上，
可以像其他选区一样进行移动、复制、填充或描边。具体操作步骤如下。

◆ Step 01 ：打开素材文件"选区文字 .jpg"，选择工具箱中的"横排文字蒙版工具"。

◆ Step 02 ：在图片中输入文字"欢迎学习 Photoshop"，将"字体"设置为"黑体"，将"字号"
设置为"30 点"。在输入文字过程中，图像处于快速蒙版状态，效果如图 8-13 所示。

◆ Step 03 ：输入完成后，仍处于快速蒙版状态，这时可在上方的文字选项栏中修改文字的属性。
但单击工具箱中的任一其他工具都会结束快速蒙版模式，使文字变成选区。工具箱中
的任何一种选择工具都能移动文字选区的位置，只需把选择工具移动到字体内部，当
鼠标指针变成"　"形状时即可移动。

◆ Step 04 ：选择工具箱中的"渐变工具"。在上方的选项框中选择"透明彩虹渐变"，拖曳出彩虹
渐变的颜色，效果如图 8-14 所示。

图8-13　通过"横排文字蒙版工具"输入文字　　　　　　　　图8-14　渐变效果

◆ Step 05 ：按【Ctrl】+【D】组合键取消选区，完成效果如图 8-15 所示。"直排文字蒙版工具"

的使用方法与此雷同，此处不再赘述。

图8-15　完成效果图

选区文字同样可以设置为点文字、段落文本及路径文字，具体应根据版面需要自由选择。

## 8.2　编辑文字

当在图像中输入文字后，还可以对文字进一步进行编辑和修改，或制作一些特殊效果，如对文字进行变形、将文字转化为形状或栅格化文字图层等，以达到预期效果。

### 8.2.1　设置文字基本属性

文字图层具有可以反复修改的灵活性。当用户对输入的文字属性不满意时，可以选中该文字，重新设置文字属性，以更改文字图层中所选字符的外观。设置文字属性的工具主要包括文字选项栏、"字符"面板及"段落"面板。

**1．文字选项栏**

在工具栏中选择任一文字工具，工作区上方就会显示出文字选项栏，如图 8-16 所示。

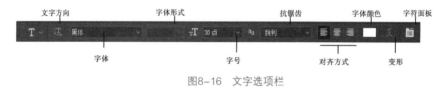

图8-16　文字选项栏

其中各选项说明如下。

文字方向：重新设置字体方向，即横向或垂直。

字体：修改文字字体。

字体形式：一般使用英文字库才会出现可选项，包括倾斜（Italic）、加粗（Bold）等，如图 8-17 所示。

字号：设置字体大小。

抗锯齿：可以轻微调整字体的显示效果，如图 8-18 所示。

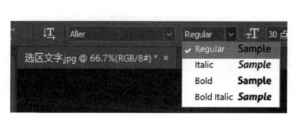

图8-17　字体形式设置

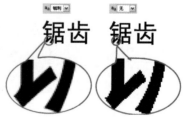

图8-18　抗锯齿设置

对齐方式：点文本的默认设置为左对齐光标起始点，即后面输入的文字都会出现在起始点右边，单击"居中对齐"按钮后，点文本将以光标起始点为居中点对齐，输入文字将向两边扩展。对段落文本而言，对齐方式与 Word 等应用相似，可靠左、居中、靠右对齐文字框的虚线外框。

字体颜色：设置字体的颜色。

变形：可打开"变形文字"对话框，设置文字变形效果。

"字符"面板：可在其中进行更细致的设置。

2. "字符"面板

"字符"面板可以在文字选项栏中打开，也可以通过单击"窗口"→"字符"命令启动。该面板部分内容与文字选项栏重复，可设置更多选项，如图 8-19 所示。

其中各选项说明如下。

行间距：控制文字行之间的距离，默认设为"自动"，即文字间距将会跟随字号的改变而改变。若行间距为某个固定的数值，则不会随字号的改变而改变。因此当指定了行间距值时，在更改字号后一般也要再次指定行间距。如果间距设置过小就可能造成行与行的重叠，如图 8-20 所示。

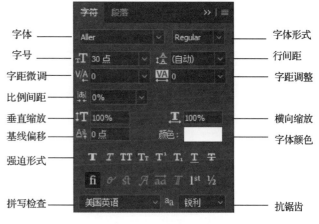

图8-19　"字符"面板

竖向缩放和横向缩放：竖向缩放相当于将字体变高或变矮，横向缩放相当于将字体变胖或变瘦，数值小于 100% 为缩小、大于 100% 为放大。图 8-21 所示为红色字母 D 为横向 200% 及红色字母 S 为竖向 200% 的效果。

图8-20　固定行间距的设置

图8-21　竖向缩放和横向缩放效果

　　比例间距和字符间距：这两种间距都可更改字符与字符之间的距离，但在原理和效果上却不同。比例间距计算的是在不改变字体宽度的情况下，对字符间的空隙进行挤压的百分比；字符间距计算的则是由前一个字符中心到下一个字符中心的直接距离值，如图 8-22 所示。

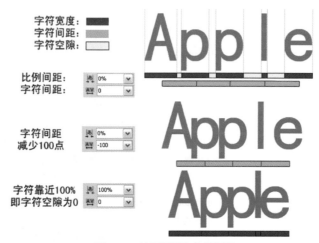

图8-22　比例间距和字符间距

　　字距微调：指前后两个字符之间增加或者减少间距值。

　　基线偏移（竖向偏移）：当输入文字时，文字下方出现的线条就是文字的基线，基线偏移可使字符离开基线上下进行移动，常用来调节同等大小的字体上升和下降。

　　强迫形式：设置字体（包括中文）格式，包括加粗、倾斜、上下标等，与 Word 等软件的使用方式相同。

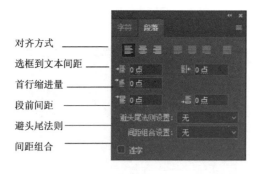

图8-23　"段落"面板

　　拼写检查：自动检查英文单词、语法等错误。

　　3．"段落"面板

　　"段落"面板的启动方式与"字符"面板基本相同，属于同一个内容组。因此，在打开"字符"面板后，就能在旁边的选项卡中找到"段落"面板，如图 8-23 所示。

　　其中，避头尾法则设置是指当开启该选项时，系统会自动识别和调整换行的位置，而不允许不符合语法的","""。"等分隔符号成为换行的行首字符。

## 8.2.2　设置文字变形

进行完基础的文字编辑后，为了增强文字的效果，可以使用变形文本。具体操作步骤如下。

◆ Step 01：打开素材文件"设置文字变形 .psd"，在工具箱中选择"横排文字工具"，在图像中选中文字"保护动物 人人有责"。

◆ Step 02：在选项栏中单击"创建变形文字"按钮 ，在弹出的"变形文字"对话框中单击"样式"下拉列表，选择"拱形"选项，如图 8-24 所示。

◆ Step 03：根据图像需要调整"变形文字"对话框中的参数，例如将弯曲值设置为"+66%"、垂直扭曲值设置为"-19%"。设置出满意的变形效果后，单击"确定"按钮，即可完成对文字变形的设置，最终效果如图 8-25 所示。

图8-24　设置文字变形

图8-25　文字变形最终效果

### 8.2.3　转换点文字与段落文本

点文字和段落文本之间可以相互转换，其具体操作步骤如下。

◆ Step 01：打开素材文件"点文字转换成段落文本 .psd"，在"图层"面板中选择"文字"图层。

◆ Step 02：右键单击文字图层，在快捷菜单中选择"转换为段落文本"，如图 8-26 所示。转换之后的效果如图 8-27 所示。

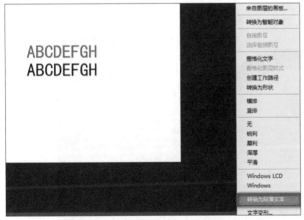

图8-26　将点文字转换为段落文本

图8-27　转换后的效果

**小提示**　　　将段落文本转换为点文字时，所有溢出外框的字符都将被删除。为了避免丢失文本，可以将文字框架调大，使全部文字在转换前都可见。

### 8.2.4　移动与翻转路径上的文字

创建路径文字后，如果文字的位置或排列不符合要求，可以移动或翻转路径上的文字，具体操作步骤如下。

◆ Step 01：打开素材文件"移动与翻转路径文字 .psd"，在工具箱中选择"移动工具"，即可将路径上的文字移动到如图 8-28 所示位置。

◆ Step 02：当翻转或调整路径文字时，在工具箱中选择"路径选择工具" ▶ 或"直接选择工具" ▶ 皆可，将鼠标指针移到路径上的文字附近，当鼠标指针变成" ◑ "形状时，沿路径拖曳文字，即可调整文字与路径的相对位置。

◆ Step 03：要将文本翻转到路径的另一边，只需横跨路径拖曳文字，如图 8-29 所示。

图8-28　移动路径文字

图8-29　翻转路径文字

小提示

要想在不改变文字方向的情况下，将文字移动到路径的另一侧，应该选择"字符"面板中的"基线偏移"选项，在"基线偏移"文本框中输入一个负值，如这里输入的是"-28 点"，即可降低文字位置，使其沿圆圈顶部的内侧排列，如图 8-30 所示。

图8-30　基线偏移

# 8.3　文字的高级应用

文字是设计中非常重要的部分，经常会和 Photoshop CC 中的其他功能，如图层、路径、滤镜等共同出现。下面通过几个设计实例讲解文字的高级应用及艺术设计。

### 8.3.1　将文字转化为形状

除了可以在"变形文字"对话框中对文字进行各种变形操作外，还可以将文字创建成路径或者转换成形状，以便进行更加细致精巧的变形操作。在将文字转换为形状时，文字图层被替换为具有矢量蒙版的图层，这样就可以编辑矢量蒙版并对图层应用样式。但是，无法在图层中将字符作为文本加以编辑。将文字转化为形状的操作方法为：在"图层"面板中选择文字图层，然后单击鼠标右键，选择"转换为形状"命令。

**小提示**　　不能基于不包含轮廓数据的字体（如位图字体）创建形状。

使用矢量蒙版可以令文字更加具有艺术效果，其具体操作步骤如下。

◆ Step 01：新建一个图像文件，设置宽度为"600 像素"、高度为"400 像素"、分辨率为"72 像素 / 英寸"。选择"横排文字工具"，在选择工具栏中将"字体"设置为"华文行楷"，将"字号"设置为"120 点"，将"文字颜色"的 RGB 值设置为"79""128""227"，然后在图像窗口输入文字"蔚蓝海"。

◆ Step 02：在"图层"面板中选中文字图层，单击鼠标右键，在弹出的快捷菜单中选择"转化为形状"命令，如图 8-31 所示。这时文字图层被替换为具有矢量蒙版的形状图层，如图 8-32 所示。

图8-31　将文字转换为形状

图8-32　将文字图层转换为形状图层

◆ Step 03：在"图层"面板中单击蔚蓝海的形状图层，使其呈选择状态。使用"路径选择工具"中的"直接选择工具"，单击"蔚"字的路径，选择"编辑"→"自由变换路径"命令，使"蔚"字变大；使用"直接选择工具"调整"海"字的形状节点位置，效果如图 8-33 所示。

◆ Step 04：使用"直接选择工具"，选择"蔚"字的曲线节点，在"路径"面板中将该路径变成选区，新建"图层 1"，然后在不同的图层上为选区填充渐变颜色，接着对"海"字也进行同样的处理，最终效果如图 8-34 所示（浅蓝的 RGB 值为"116""221""255"）。

图8-33　调整文字形状　　　　　　　　　　　　　　图8-34　最终效果

### 8.3.2　栅格化文字图层

在 Photoshop 中，使用文字工具输入的文字是矢量图。其优点是可以无限放大而不会出现马赛克现象，缺点则是无法使用 Photoshop 中的滤镜。使用"栅格化"命令将文字栅格化，可以制作出更加丰富的效果。但是文字图层被栅格化后，其内容不能再作为文本进行编辑。栅格化文字的操作方法有以下两种，且效果相同。

◎　在"图层"面板中，选择文字图层，单击"图层"→"栅格化"→"文字"命令。

◎　在"图层"面板中，选择文字图层，单击鼠标右键，在快捷菜单中选择"栅格化文字"。

使用栅格化文字，可以制作火焰的效果，具体操作步骤如下。

◆ Step 01：新建一个 RGB 图像文件，设置宽度为"600 像素"、高度为"400 像素"、分辨率为"72 像素 / 英寸"，背景填充黑色。选择"横排文字工具"，在工具选项栏中将"字体"设置为"华文新魏"、"字号"设置为"120 点"、"字体颜色"设置为"白色"，输入文字"火焰字"。单击"图层"→"栅格化"→"文字"命令，栅格化文字图层。

◆ Step 02：按住【Ctrl】键，单击"图层面板"火焰字图层的缩览图，并选中文字。单击"通道"面板底部的"根据选区生成通道"按钮 ▣，将选区存储为 Alpha1。接着重新点选"RGB"通道。

◆ Step 03：按【Ctrl】+【D】组合键取消选区。将文字图层和背景图层合并。单击"图像"→"图像旋转"→"90 度（逆时针）"命令，再单击"滤镜"→"风格化"→"风"命令，参数为默认值，单击"确定"按钮。

◆ Step 04：按【Alt】+【Ctrl】+【F】组合键再执行一次滤镜"风"，然后单击"图像"菜单 →"图像旋转"→"90 度（顺时针）"命令，使字体回到正常状态，效果如图 8-35 所示。

◆ Step 05：单击"通道"面板的 Alpha1，再单击"通道"面板底部的"载入选区"按钮 ▣，载入 Alpha1 选区，按【Shift】+【Ctrl】+【I】组合键将选区反转。重新单击"RGB"通道，单击"滤镜"→"扭曲"→"波纹"命令，在弹出的"波纹"对话框中设置"数量"为"65%"，"大小"为"中"。完成后，可按【Alt】+【Ctrl】+【F】组合键再执行一次滤镜"波纹"，效果如图 8-36 所示。

◆ Step 06：按【Ctrl】+【D】组合键取消选区，执行"图像"→"模式"→"灰度"命令，将 RGB 色彩模式转换为灰度模式（丢掉颜色），再执行"图像"→"模式"→"索引颜色"命令，将灰度模式转为索引模式。最后，执行"模式"→"颜色表"命令，在打开的"颜色表"对话框中选择"黑体"，火焰字最终效果如图 8-37 所示。

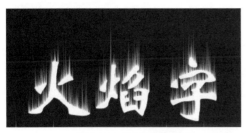

图8-35　使用"风"滤镜

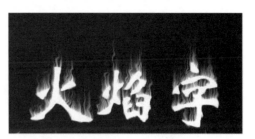

图8-36　使用"波纹"滤镜

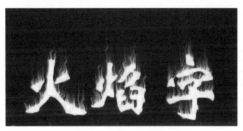

图8-37　火焰字最终效果

### 8.3.3　特殊图案文字

文字一般是作为矢量图出现的,颜色较为单一。要制作图 8-38 所示有复杂底纹的文字,可以选择下列几种方法之一来实现。

图8-38　"读书日"添加底纹效果

方法一:利用图层样式。

具体操作步骤如下。

◆ Step 01:打开素材文件"读书日 .psd"和"图书背景 .jpg"素材文件。

◆ Step 02:在"图书背景 .jpg"中,单击"编辑"→"定义图案 ..."命令,把书籍图片定义为图案。

◆ Step 03:回到"读书日 .psd"中,双击"读书日"文字图层,打开"图层样式"对话框,勾选"投影"效果;再打开"图案叠加"选项面板,选择填充图案为刚才定义的书籍图案。如果书籍显得太大,可以通过图案下方的"缩放"滑块调整缩放值,完成画面效果。

方法二:使用图层蒙版。

具体操作步骤如下。

◆ Step 01:打开素材文件"读书日 .psd",并置入图片"图书背景 .jpg"中,使图片出现在顶层,然后稍微调整"图书背景"图像,以覆盖整个文字为宜。

◆ Step 02：隐藏"图书背景"图层，选中文字图层，使用"色彩范围"一次性选中文字部分区域（或使用魔棒选择文字区域）。

◆ Step 03：重新显示并选中"书籍"图层，单击"图层"→"图层蒙版"→"显示选区"命令，创建一个蒙版。

◆ Step 04：为文字图层添加"投影"的图层样式，完成画面效果。

方法三：使用选区。

具体操作步骤如下。

◆ Step 01：打开素材文件"读书日 .psd"和"图书背景 .jpg"，并将"图书背景"图像移动到"读书日"字体所在图层。

◆ Step 02：在"读书日 .psd"中，使用魔棒选中"读书日"3 个字，将鼠标指针移到"读书日"所在图层缩略图位置，按【Ctrl】键为"读书日"3 个字创建选区。然后按【Shift】+【Ctrl】+【I】组合键反选区域，将"读书日"3 个字之外的区域选中，按【Delete】键删除多余的图书背景。

◆ Step 03：为文字图层添加"投影"图层样式，完成画面效果。

### 8.3.4 特殊边框文字

使用特殊边框组成文字也是较常见的一种艺术处理形式。如图 8-39 所示，通过褐色点点边框组成了文字"守望"。

图8-39　守望

具体操作步骤如下。

◆ Step 01：打开素材文件"守望 .jpg"，输入文字"守望"，设置字体为"华文行楷"、字号为"80 点"。

◆ Step 02：右键单击文字图层，把文字转换为形状，在"路径"面板中把"守望形状路径"保存为"路径 1"。

◆ Step 03：隐藏文字图层，创建新图层，设置前景色为褐色，拉大画笔绘出间距，呈点点效果。

◆ Step 04：使用画笔描边路径，完成文字效果。

处理文字对象与处理图形一样，也可以直接按【Ctrl】键并单击"守望"文字图层缩略图，然后选中文字部分，把选区转换成路径再进行描边，此处不再赘述。

## 8.4　真题实例

打开素材文件"550642.jpg",在心形中输入"文本 .txt"中的文字,注意文字需随着形状边缘变化而变化,效果如图 8-41 所示。将完成作品保存为 result.jpg 格式。

具体操作步骤如下。

- ◆ Step 01:打开素材文件"550642.jpg",在心形中间区域使用"快速选择工具"创建选区,如图 8-40 所示。
- ◆ Step 02:切换到"路径"面板中,将选区转换为路径。打开"文本 .txt"文件,复制文本内容。
- ◆ Step 03:选择"横排文本工具",将鼠标指针定位到心形内部,单击鼠标左键,粘贴文本内容,改变字体颜色和大小,最终效果如图 8-41 所示。

图8-40　使用"快速选择工具"创建选区

图8-41　最终效果

打开素材文件"550653.jpg",制作"金莲"二字的艺术效果,将字体设置为"华文行楷"、字号设置为"160 点",完成后创建文字的倒影。将完成作品保存为 result.jpg 格式。

具体操作步骤如下。

- ◆ Step 01:创建 350 像素 ×210 像素的画布,并将背景色填充为白色。
- ◆ Step 02:打开素材文件"550653.jpg",使用"横排文字工具",字体选择"华文行楷",字号大小为"160 点",如图 8-42 所示。
- ◆ Step 03:在"图层"面板中,选中包含"金莲"文字的文本图层,单击鼠标右键,选择栅格化文字。按【Ctrl】键并单击栅格化后的图层缩略图,为"金莲"文字创建选区。
- ◆ Step 04:按【Shift】+【Ctrl】+【I】组合键,反选区域。然后切换到包含素材 550653.jpg 背景的"图层 0",按【Delete】键,并按【Ctrl】+【D】组合键取消选区,接着将"图层 0"移动到最上层,如图 8-43 所示。
- ◆ Step 05:重新为文本创建选区,单击"编辑"→"描边"命令,打开"描边"对话框,参数设置如图 8-44 所示。
- ◆ Step 06:将"图层 0",拖曳到"图层"面板上的创建新图层按钮上,对"图层 0"进行复制。
- ◆ Step 07:按【Ctrl】+【T】组合键,对复制的"图层 0"进行自由变换操作,单击鼠标右键,选择垂直翻转。调整复制的"图层 0"的位置,并将图层的不透明度设置为"50%"左右,最终效果如图 8-45 所示,记住保存文档。

图8-42　输入文本　　　　　　　　　　　　　图8-43　将"图层0"移动到最上层

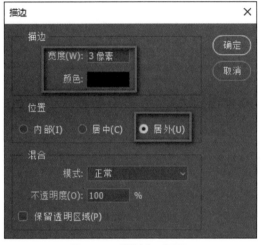

图8-44　"描边"对话框

图8-45　最终效果

# 8.5 知识能力测试

一、选择题

1. 在下列文字图层文字属性中，(　　　)不可以进行修改和编辑。

   A. 文字颜色　　　　　　　　　　　　B. 文字内容，如加字或减字

   C. 文字大小　　　　　　　　　　　　D. 其中某个文字的形状

2. 关于文字图层执行滤镜效果的操作，下列选项中(　　　)是正确的。

   A. 必须执行"图层"→"栅格化"→"文字"命令，才能使用滤镜命令

   B. 直接选择一个滤镜命令，在弹出的栅格化提示框中单击"是"按钮

   C. 必须确认文字图层与其他图层没有链接，然后才可以选择滤镜命令

   D. 必须使得这些文字呈选择状态，然后才能使用滤镜命令

3. 点文字可以通过(　　　)命令转换为段落文本。

   A. "图层"→"文字"→"转换为段落文本"

   B. "图层"→"文字"→"转换为形状"

   C. "图层"→"图层样式"

D. "图层" → "图层属性"

4. 段落文本的（　　　）属性不能通过调整文字区域进行修改。

A. 区域大小　　B. 倾斜角度　　C. 换行位置　　D. 字体大小

5. 图 8-46 所示为文字沿工作路径排列的效果图，其中关于 A、B、C 3 个控制点的描述正确的是（　　　）。

A. A、B、C 为圆弧路径形状的控制点，不是文字的控制点

B. A 表示路径文字的起点，C 表示终点，B 表示中点

C. A 表示路径文字的起点，C 表示终点，B 为圆弧路径形状的控制点

D. 只有文字的段落格式为"居中文本"，才会出现 B 控制点

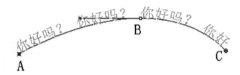

图8-46　路径文字

6. 下列关于 Photoshop 文本功能描述正确的是（　　　）。

A. 对文本应用了段落属性，在将文本栅格化进行输出时，将不受分辨率变化的影响

B. 将文本图层转化为形状图层后，在缩放过程中不会破坏文本边缘的光滑性

C. 将文本栅格化后才可以添加图层蒙版

D. 将文本图层转化为形状图层后，可使用钢笔类工具对矢量蒙版路径外观进行调整

7. 要将红色的文字改变成橙色，下列方法描述正确的是（　　　）。

A. 栅格化文字，使用画笔涂上橙色

B. 将前景色设置成橙色，填充前景色

C. 将前景色设置成橙色，使用油漆桶工具填充

D. 使用文字工具选择需要改变颜色的文本，单击设置前景色按钮更改颜色

8. 将文字图层转换成形状，下列选项中（　　　）是正确的。

A. 将文字图层拖动到图层面板底端的"新建图层"按钮上

B. 与矢量图层合并

C. 在文字图层上单击鼠标右键，在快捷菜单中选择"转换为形状"

D. 在文字图层上添加一个矢量图形

9. 图 8-47 中的文字变形效果是通过单击"创建文字变形"按钮完成的，该效果采用了（　　　）。

A. 鱼形　　　　B. 膨胀　　　　C. 凸起　　　　D. 拱形

图8-47　文字变形

10. 当对文字图层执行滤镜效果时，首先应当（　　）。

    A. 单击"图层→栅格化→文字"命令

    B. 直接在滤镜菜单下选择一个滤镜命令

    C. 确认文字图层和其他图层没有链接

    D. 使得这些文字呈选择状态，然后在滤镜菜单下选择一个滤镜命令

二、操作题

1. 使用素材文件"枫叶 .jpg"，制作图 8-48 所示文字效果，字体为"华文行楷"，"字号"为"250点"，有棕色描边效果和投影效果。

2. 打开素材文件"550667.jpg"，输入直排文字"经典"，字体为"华文新魏"，字号为"150 点"，并设置图层效果，如图 8-49 所示。

图8-48　枫叶文字效果　　　　　　　　　　　　　　图8-49　"经典"文字效果

3. 打开素材文件"设计豆粒文字 .jpg"，使用图层、路径和文字工具制作图 8-50 所示豆粒文字效果（字体为"Britannic Bold"，字号为"200 点"）。

图8-50　豆粒文字效果

Photoshop CC

Chapter

9

# 第9章
# 滤镜的应用

滤镜有着神奇的功能，只需简单的操作就可以使图像发生奇妙的变化。Photoshop CC 自带几十种滤镜，并被分类放置在菜单中。本章将从特殊滤镜和常用滤镜两个维度来介绍滤镜的使用及其效果。

# 9.1 初识滤镜

Photoshop CC 中的滤镜主要分为两种：一种是内置滤镜，这类滤镜被广泛应用于图像效果处理的各个方面；另一种是特殊滤镜，这类滤镜具有独立的操作界面和工具。特殊滤镜主要是指"滤镜"菜单中上半部分的 6 种滤镜。

## 9.1.1 滤镜的使用方法

Photoshop CC 中的滤镜有很多种类，下面以"滤镜库"的使用方法为例介绍滤镜，具体操作步骤如下。

◆ Step 01：打开素材文件"花 .jpg"，单击"滤镜"→"滤镜库"命令，选择"墨水轮廓"滤镜，并设置参数，如图 9-1 所示。

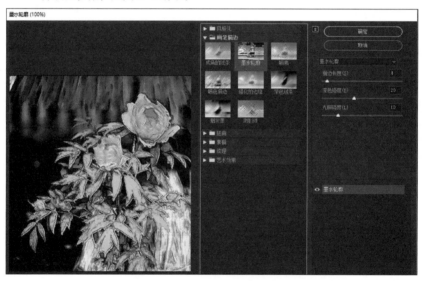

图9-1    "墨水轮廓"滤镜设置界面

◆ Step 02：最终效果如图 9-2 所示。

图9-2    最终效果

### 9.1.2　智能滤镜

智能滤镜即应用于智能对象的滤镜。其具体操作为：先将图层转换为智能对象，然后在智能对象上添加滤镜效果。智能滤镜类似于图层样式的列表，可以隐藏、停用和删除。其具体的操作步骤如下。

◆ Step 01：打开素材文件"茶艺.jpg"，并复制一个图层，在普通图层上右键单击，选择"转换为智能对象"命令，然后选择拷贝图层，单击"滤镜"→"滤镜库"命令，选择需要的滤镜，如图 9-3 所示。

◆ Step 02：双击滤镜名称右侧的 ≢ 图标，在弹出的"混合选项"窗口中设置滤镜的"模式"和"不透明度"，如图 9-4 所示。

◆ Step 03：最终效果如图 9-5 所示。

 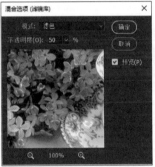 

图9-3　"智能滤镜"列表　　图9-4　智能滤镜"混合选项"设置　　　　图9-5　最终效果

### 9.1.3　渐隐滤镜

当图像添加了滤镜效果以后，可以通过"渐隐"命令来设置"不透明度"和"模式"，具体操作步骤如下。

◆ Step 01：打开素材文件"柠檬.jpg"，单击"滤镜"→"滤镜库"命令并选择"玻璃"滤镜，如图 9-6 所示。

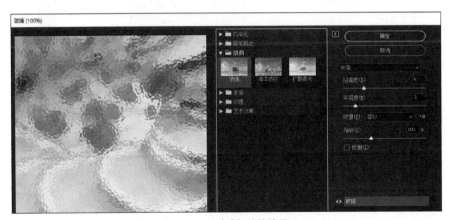

图9-6　"玻璃"滤镜效果

◆ Step 02：单击"编辑"→"渐隐滤镜库"命令，并设置参数，效果如图 9-7 所示。

图9-7　渐隐效果

# 9.2　特殊滤镜的应用

特殊滤镜组包括 6 种滤镜：滤镜库、自适应广角、Camera Raw 滤镜、镜头校正、液化、消失点。特殊滤镜的使用方法非常简单，效果也很直观。

## 9.2.1　滤镜库

滤镜库包括风格化、画笔描边、扭曲、素描、纹理、艺术效果 6 个滤镜组，每一个滤镜组都包括了很多种滤镜效果。打开素材文件"黄玫瑰 .jpg"，单击"滤镜"→"滤镜库"命令，弹出"滤镜库"窗口，如图 9-8 所示。窗口的左侧是滤镜效果的预览图，中间是 6 组滤镜的列表，右侧是参数设置和效果图层。

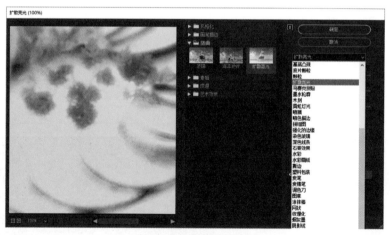

图9-8　"滤镜库"窗口

（1）选择滤镜效果：在"滤镜库"窗口单击滤镜组的名称即可展开该滤镜组，然后在滤镜项中选择需要的滤镜；也可以在"滤镜库"窗口右侧的下拉列表中选择需要的滤镜。

（2）设置参数：当选择一个滤镜后，就可以在"滤镜库"窗口的右侧对该滤镜的参数进行设置，如强度、对比等。

（3）新建和删除效果图层。单击"新建效果图层"按钮可以新建一个效果图层，并在该图层中应用一个滤镜。单击"删除效果图层"按钮，可以将选择的一个效果图层删除。

### 9.2.2　自适应广角

"自适应广角"可以模拟拍摄的鱼眼、广角等特殊效果，包括鱼眼、透视、自动、完全球面 4 种类型。下面对"自适应广角"滤镜的工具进行介绍。

（1）约束工具：单击图像或拖曳端点可以添加或编辑约束，按住【Shift】键可添加水平或垂直约束，按住【Alt】键可删除约束。

（2）多边形约束工具：单击图像或拖曳端点可以添加或编辑多边形约束，单击初始点可形成约束，按住【Alt】键可删除约束。

（3）移动工具：拖曳以在画布中移动图像。

（4）抓手工具：放大窗口图像的显示比例后，可以使用该工具移动画面。

（5）缩放工具：单击可以放大图像的显示比例，按住【Alt】键单击可缩小显示比例。

接下来通过一个实例讲解"自适应广角"，具体操作步骤如下。

◆ Step 01：打开素材文件"鱼眼镜头照片 .jpg"，单击"滤镜"→"自适应广角"命令，设置镜头类型为"鱼眼"，并设置相关参数，如图 9-9 所示。

图9-9　设置"鱼眼"自适应广角

◆ Step 02：单击窗口左上角的"约束工具"，在图像的地平线处单击鼠标左键添加图 9-10 所示约束条件，然后单击"确定"按钮。

◆ Step 03：使用"裁剪工具"对图像进行裁剪，最终效果如图 9-11 所示。

图9-10　添加约束条件

图9-11　最终效果

### 9.2.3　Camera Raw滤镜

Camera Raw 滤镜可以处理使用相机拍摄的照片，如对色调范围、对比度、颜色饱和度等进行调整。打开素材文件"花 .jpg"，单击"滤镜"→"Camera Raw 滤镜"命令，弹出"Camera Raw 滤镜"窗口，如图 9-12 所示。

其中各选项的功能如下。

（1）缩放工具：单击可以放大图像的显示比例，按住【Alt】键单击可缩小显示比例。

（2）抓手工具：放大窗口图像的显示比例后，可以使用该工具移动画面。

（3）白平衡工具：使用该工具在白色或灰色的图像上单击，可以校正照片的白平衡。

（4）颜色取样器工具：选择该工具并在图像中单击以吸取颜色，窗口顶部会显示取样像素的颜色值。

（5）目标调整工具：在图像中单击并拖曳鼠标可以调整图像的"色调曲线""色相""饱和度""明亮度"。

（6）污点去除工具：可以用另一区域的像素修复选中的区域。

（7）红眼去除工具：与 Photoshop CC 的"红眼工具"相同，可以去除红眼。

（8）调整画笔工具：用于处理图像局部的曝光度、亮度、对比度、饱和度等。

（9）渐变滤镜工具：用于对图像进行局部的渐变处理。

（10）径向滤镜工具：用于强调图像中主体的位置。

图9-12　"Camera Raw滤镜"窗口

### 9.2.4　镜头校正

使用"镜头校正"滤镜可以校正图像中出现的色差、晕影、镜头变形等缺陷。下面对"镜头校正"滤镜窗口中的各工具进行介绍。

（1）移去扭曲工具：该工具可以校正镜头扭曲问题。

（2）拉直工具：先绘制一条直线，使用该工具可以将图像拉直到新的横轴或纵轴。

（3）移动网格工具：可以移动网格，使之与图像对齐。

下面通过一个实例介绍具体的操作步骤。

◆ Step 01：打开素材文件"镜头校正 .jpg"，单击"滤镜"→"镜头校正"命令，在弹出的"镜头校正"窗口中选择"移动网格工具"，为图像添加网格，然后拖曳网格使之对齐图像

中没有变形的垂直参照线，为后面的调整变形提供参考。选择"镜头校正"窗口中的
"自定"选项，设置"变换"选项中的"垂直透视"为"–38"、"水平透视"为"0"、"角
度"为"357°"，设置界面如图 9–13 所示。

图9-13 设置"镜头校正"界面

◆ Step 02：单击"确定"按钮，最终效果如图 9–14 所示。

图9-14 最终效果

## 9.2.5 液化

使用"液化"滤镜可以制作出图像的变形、扭曲、褶皱、膨胀等效果。下面对"液化"滤镜窗口
中的各工具进行介绍。

（1）向前变形工具：可以向前推动像素。

（2）重建工具：可以恢复变形的图像，相当于撤销操作。

（3）平滑工具：用于平滑画面效果。

（4）褶皱工具：让画面像素向画笔区域中心移动，使图像产生内缩效果。

（5）膨胀工具：让画面像素向画笔区域以外的方向移动，使图像产生膨胀效果。

（6）左推工具：向上拖曳鼠标时，像素会向左移动；向下拖曳鼠标时，像素会向右移动。

（7）冻结蒙版工具：可以把一些区域暂时冻结，在进行"液化"操作时这部分冻结起来的区域就不会变形，没有冻结的区域就会产生相应的变形效果。

（8）解冻蒙版工具：使用该工具在冻结区域涂抹，可以将其解冻。

下面通过一个实例介绍部分工具的实际效果，具体操作步骤如下。

◆ Step 01：打开素材文件"咖啡 .jpg"，单击"滤镜"→"液化"命令，打开"液化"窗口，如图 9-15 所示。

图9-15　"液化"窗口

◆ Step 02：选择窗口左上方的"向前变形工具"，在图像中的咖啡上顺时针涂抹，效果如图 9-16 所示。

◆ Step 03：选择窗口左上方的"重建工具"，在图像中的咖啡右侧涂抹，此时图像右侧恢复原样，效果如图 9-17 所示。

图9-16　"向前变形工具"效果　　　　　　图9-17　"重建工具"效果

## 9.2.6　消失点

"消失点"滤镜可以在包含透视平面的图像中进行透视校正编辑。在"消失点"滤镜中，用户可以定义透视参考线，在图像中指定平面，然后应用拷贝、粘贴、变换等操作。下面对"消失点"滤镜窗口中的各工具进行介绍。

（1）创建平面工具：确定透视平面的 4 个角节点就可以创建一个透视平面，从而对节点进行移动、缩放等操作。

（2）编辑平面工具：用于选择、编辑和移动平面的节点，并调整平面的大小。

（3）选框工具：可以在创建的透视平面上绘制选区，以选中平面上的某个区域。

（4）图章工具：按住【Alt】键在透视平面上单击可以设置取样源点，然后在其他区域拖曳鼠标即可仿制图像，类似于"仿制图章"工具。

（5）画笔工具：主要用于在透视平面上绘制选定的颜色。

（6）变换工具：主要用于变换选区，相当于"编辑"→"变换选区"的作用。

（7）吸管工具：用于在图像上拾取颜色，用作"画笔工具"的绘画。

（8）测量工具：可以在透视平面上测量项目的距离和角度。

下面通过一个实例介绍部分工具的实际效果，其具体的操作步骤如下。

◆ Step 01：打开素材文件"立方体 .jpg"，如图 9-18 所示。

◆ Step 02：打开素材文件"绿叶 .jpg"，创建矩形选区，然后按住【Ctrl】+【C】组合键复制选区内的图像，如图 9-19 所示。

图9-18　立方体素材文件

图9-19　复制选区内的绿叶图像

◆ Step 03：回到素材文件"立方体 .jpg"界面，单击"滤镜"→"消失点"命令，在"消失点"窗口的工具箱中选择"创建平面工具"，在预览窗口中单击 4 个角点，绘制一个平面网格，如图 9-20 所示。

◆ Step 04：选择"消失点"窗口中的"编辑平面工具"，调整各控制点的位置，使平面网格与主图的左侧透视面吻合，设置"网格大小"为"500"，如图 9-21 所示。

图9-20　绘制平面网格

图9-21　编辑平面网格

◆ Step 05 : 按住【Ctrl】+【V】组合键，将素材文件"绿叶.jpg"的选区图案粘贴进来，如图9-22所示。

◆ Step 06 : 按住鼠标左键，将素材文件"绿叶.jpg"的选区图案拖曳到选区内，此时图案自动与透视选区相适应，调整至合适的显示位置即可，如图9-23所示。

◆ Step 07 : 重复以上操作，为主图"立方体.jpg"其他两面制作透视图案，最终效果如图9-24所示。

图9-22　粘贴绿叶选区内的图案　　　图9-23　透视选区效果　　　图9-24　最终效果

# 9.3 常用滤镜效果的应用

在Photoshop CC中有很多常用滤镜，如"风格化""模糊""扭曲"等。下面对常用滤镜组进行介绍。

## 9.3.1 "3D"滤镜组

"3D"滤镜组包括两种滤镜：生成凸凹图和生成法线图。打开素材文件"3D滤镜.jpg"，单击"滤镜"→"3D"命令，应用两种滤镜后的效果如图9-25所示。

（1）"生成凸凹图"滤镜：通过纹理的显示，产生表面凹凸不平的视觉效果。

（2）"生成法线图"滤镜：作为凸凹图的扩展，产生特殊的立体视觉效果。

 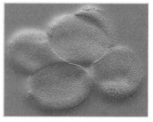

生成凸凹图　　　　　　生成法线图

图9-25　"3D"滤镜效果

## 9.3.2 "风格化"滤镜组

单击"滤镜"→"风格化"命令，在子菜单中可以看到9种滤镜，这些滤镜的效果各不相同，如图9-26所示。

（1）"查找边缘"滤镜：可以自动查找图像像素对比度变换强烈的边界，将高反差区变亮、低反差区变暗，还可以制作铅笔画的效果。

（2）"等高线"滤镜：可以在每个颜色通道的亮区和暗区边缘勾画轮廓，在"等高线"窗口中可以设置"色阶"和"边缘"的参数。

（3）"风"滤镜：可以制作风吹的效果，包含"风""大风""飓风"3种效果；还可以设置风的方向，包括"从左"和"从右"两种。

（4）"浮雕效果"滤镜：可以制作具有凹凸质感的浮雕效果，在"浮雕效果"窗口中可以设置"角度""高度""数量"的参数。

（5）"扩散"滤镜：可以制作类似透过磨砂玻璃观看图像的效果，在"扩散"窗口中可以选择扩散的"模式"。

（6）"拼贴"滤镜：可以制作模拟多个小部分拼接为一幅画的效果，在"拼贴"窗口中可以设置"拼贴数""最大位移""填充空白区域用"的参数。

（7）"曝光过度"滤镜：可以混合负片和正片图像，类似于照片曝光过度的效果。

（8）"凸出"滤镜：可以将一个图像分割成许多小部分，且每个部分都有凸起的质感，在"凸出"窗口中可以设置"类型""大小""深度""立方体正面""蒙版不完整块"的参数。

（9）"油画"滤镜：通过设置"画笔""光照"的参数制作逼真的油画效果。

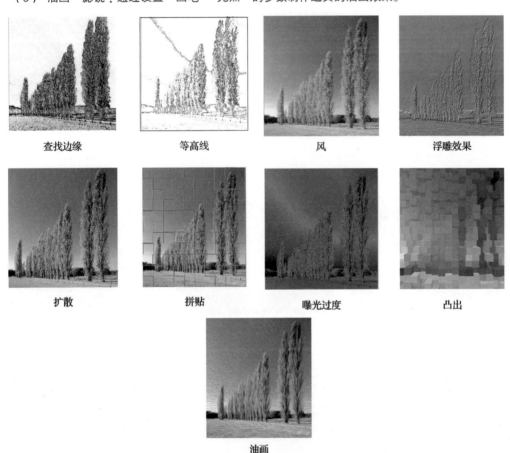

图9-26　"风格化"滤镜组

### 9.3.3　"模糊"滤镜组

单击"滤镜"→"模糊"命令，在子菜单中可以看到各种滤镜，这些滤镜都用于使画面产生模糊效果，如图 9-27 所示。

（1）"表面模糊"滤镜：若将图像表面设置成模糊的效果，在"表面模糊"窗口中可以设置"半径"和"阈值"的参数。

（2）"动感模糊"滤镜：将图像沿着指定的方向，以指定的强度进行模糊处理，在"动感模糊"窗口中可以设置"角度"和"距离"的参数。

（3）"方框模糊"滤镜：基于相邻像素的平均颜色值来模糊图像，产生的效果类似于方块模糊，在"方框模糊"窗口中可以设置"半径"的参数。

（4）"高斯模糊"滤镜：以指定的值快速模糊选中的图像部分，产生一种朦胧的效果，在"高斯模糊"窗口中也可以设置"半径"的参数。

（5）"进一步模糊"滤镜：使用该滤镜可以产生均匀的模糊效果，不用设置任何参数。

（6）"径向模糊"滤镜：可以制作缩放或旋转相机时产生的模糊效果，在"径向模糊"窗口中可以设置"数量""模糊方法""品质"的参数。

（7）"镜头模糊"滤镜：可以制作类似于照相机镜头的模糊效果，在"镜头模糊"窗口中可以设置"深度映射""光圈""镜面高光""杂色"的参数。

（8）"模糊"滤镜：该滤镜不用设置参数，可重复应用，用于消除图像中的杂色。

（9）"平均"滤镜：可以查找图像或选区的平均颜色，再用该颜色填充图像或选区，创建平滑的外观效果，不用设置任何参数。

（10）"特殊模糊"滤镜：可以对图像中颜色临近的部分进行模糊，在"特殊模糊"窗口中可以设置"半径""阈值""品质""模式"的参数。

（11）"形状模糊"滤镜：在形状列表中选择需要的形状，就可以使用该形状来模糊图像，在"形状模糊"窗口中可以设置"半径"的参数以及在"形状列表"中可以选择相应的形状。

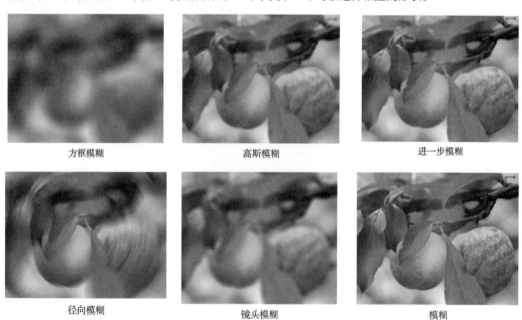

| 方框模糊 | 高斯模糊 | 进一步模糊 |
| 径向模糊 | 镜头模糊 | 模糊 |

图 9-27　"模糊"滤镜组

平均 特殊模糊 形状模糊

图 9-27 "模糊"滤镜组(续)

### 9.3.4 "模糊画廊"滤镜组

单击"滤镜"→"模糊画廊"命令。"模糊画廊"包括 5 种滤镜,这些滤镜的效果如图 9-28 所示。

(1)"场景模糊"滤镜:在画面中单击创建多个点,选中每个点后,通过调整模糊数值即可使画面产生渐变的模糊效果。在"场景模糊"窗口中可以设置"模糊""光源散景""散景颜色""光照范围"的参数。

(2)"光圈模糊"滤镜:可以将一个或多个焦点添加到图像中,并设置焦点的大小和形状、图像其余部分的模糊数量、清晰区域与模糊区域之间的过渡效果。在"光圈模糊"窗口中可以设置"光圈模糊"的参数,数值越大,模糊程度就越大。

(3)"移轴模糊"滤镜:可以快速模拟移轴效果,通过调整中心点的位置来调整清晰区域的位置、通过调整控制框的大小来调整清晰区域的大小。在"移轴模糊"窗口可以设置"模糊""扭曲""对称扭曲"的参数。

(4)"路径模糊"滤镜:可以制作沿着一条或多条路径运动的模糊效果。

(5)"旋转模糊"滤镜:可以制作逼真的旋转模糊效果。

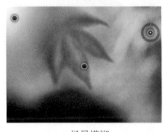  

场景模糊 光圈模糊 移轴模糊

路径模糊 旋转模糊

图 9-28 "模糊画廊"滤镜组

### 9.3.5 "扭曲"滤镜组

单击"滤镜"→"扭曲"命令，在子菜单中可以看到 9 种滤镜，通过这些滤镜可以使画面产生不同效果的扭曲感，如图 9-29 所示。

（1）"波浪"滤镜：将图像制作成类似于波浪的效果，在"波浪"窗口中可以设置"类型""生成器数""波长""波幅""比例""随机化""未定义区域"的参数。

（2）"波纹"滤镜：制作波纹效果，在"波纹"窗口中可以设置"数量"和"大小"的参数。

（3）"极坐标"滤镜：可以将直线变成环形、平面变成球体，该滤镜包括"平面坐标到极坐标"和"极坐标到平面坐标"两个选项。

（4）"挤压"滤镜：可以制作将图像向外或向内挤压的效果，通过设置"数量"的参数调整挤压的强烈程度。当数值为负值时，图像向外挤压；当数值为正值时，图像向内挤压。

（5）"切变"滤镜：按照曲线的弧度扭曲图像，在"切变"窗口中可以通过调整曲线使之产生不同的变形效果，还可以设置"未定义区域"的参数。

（6）"球面化"滤镜：可以制作球面化凸起或收缩的效果，通过设置"数量"来调整球面化的程度。当数值为正值时，图像向外凸起；当数值为负值时，图像向内收缩。使用该滤镜还可以通过"模式"选项来设置图像的挤压模式。

（7）"水波"滤镜：制作水波产生的涟漪效果，在"水波"窗口中可以设置"数量""起伏""样式"的参数。

（8）"旋转扭曲"滤镜：将图像中心旋转扭曲，通过设置"角度"的参数调整旋转。

（9）"置换"滤镜：使用"置换"滤镜需两张图像，即一张当前图像，一张作为置换的图像（psd 文件），这样才可进行置换混合处理。利用"置换文件 .psd"进行置换滤镜，设置水平比例为 20、垂直比例为 20，其他参数默认数值，效果如图 9-29 中"置换"所示。

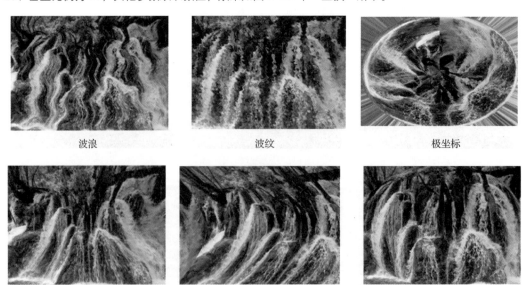

波浪            波纹            极坐标

挤压            切变            球面化

图9-29    "扭曲"滤镜组

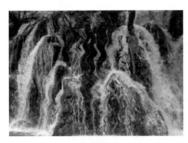

水波

旋转扭曲

置换

图9-29　"扭曲"滤镜组（续）

### 9.3.6　"锐化"滤镜组

单击"滤镜"→"锐化"命令，在子菜单中可以看到 6 种滤镜，通过"锐化"滤镜可以让图像更加清晰、锐利，效果如图 9-30 所示。

（1）"USM 锐化"滤镜：可以对画面中色彩对比明显的区域进行锐化，在"USM 锐化"窗口中可以设置"数量""半径""阈值"的参数。

（2）"防抖"滤镜：可以解决相机拍摄过程中造成的图像抖动虚化的问题，在"防抖"窗口中可以设置"模糊描摹边界""源杂色""平滑""伪像抑制"的参数。

（3）"进一步锐化"滤镜：通过增加像素之间的对比度让图像变得清晰，如果锐化效果不明显，可以重复使用，不用设置参数。

（4）"锐化"滤镜：该滤镜锐化的效果很小，不用设置参数。

（5）"锐化边缘"滤镜：该滤镜可以锐化图像的边缘，也不用设置参数。

（6）"智能锐化"滤镜：该滤镜的使用频率比较高，参数也比较多。在窗口中可以设置"预设""数量""半径""减去杂色""移去"等参数，还可以对高光和阴影分别设置"渐隐量""色调宽度""半径"的参数。

图 9-30　"锐化"滤镜组

### 9.3.7 "像素化"滤镜组

"像素化"滤镜组包括 7 种滤镜，通过这些滤镜可以将图像处理为像素化的块状效果，如图 9-31 所示。

（1）"彩块化"滤镜：制作出类似于绘画的效果，不用设置参数。

（2）"彩色半调"滤镜：让图像呈网状效果，即在画面中形成一个个小圆组成的效果，通过设置"最大半径"和"网角（度）"的参数调整效果。

（3）"点状化"滤镜：将图像中的颜色分解成随机分布的网点，通过设置"单元格大小"的参数来设置每个多边形色块的大小。

（4）"晶格化"滤镜：将图像中颜色相近的像素结块形成多边形纯色。

（5）"马赛克"滤镜：制作马赛克的效果，可以设置"单元格大小"的参数。

（6）"碎片"滤镜：制作像素平均分布的效果，不用设置参数。

（7）"铜板雕刻"滤镜：制作类似于铜板雕刻的效果，可以选择效果"类型"。

彩块化　　　　　　　　　彩色半调　　　　　　　　　点状化

晶格化　　　　　马赛克　　　　　碎片　　　　　铜板雕刻

图 9-31　"像素化"滤镜组

### 9.3.8 "渲染"滤镜组

"渲染"滤镜组包括 8 种滤镜，通过这些滤镜可以制作多种具有画面气氛的效果，如图 9-32 所示。

（1）"火焰"滤镜：可以制作多种火焰边框效果。

（2）"图片框"滤镜：可以制作多种图片边框效果。

（3）"树"滤镜：能够自动生成不同类别的树的图像。

（4）"分层云彩"滤镜：使用随机生成的介于前景色与背景色之间的值，生成云彩图案。该滤镜将云彩数据和现有像素混合，首次应用时，图像的某些部分会被反相为云彩图案。

（5）"光照效果"滤镜：可以制作较为真实的光照效果。通过"预设"下拉列表可以切换多种不同的光照效果；通过"光照效果"下拉列表可以选择"聚光灯""点光""无限光"3 种光源效果；创建光源以后，可以在属性面板中设置"颜色""强度""聚光""着色""曝光度""光泽""金属质感""环境""纹理""高度"的参数。

（6）"镜头光晕"滤镜：可以制作类似于镜头的光晕效果，并设置"亮度"和"镜头类型"的参数来调整效果。

（7）"纤维"滤镜：根据前景色和背景色制作类似于纤维质感的效果，该滤镜取决于前景色和背景色，与当前图像无关。

（8）"云彩"滤镜：将图像根据前景色和背景色生成云彩效果，无须设置参数。

| | | | |
|---|---|---|---|
| 火焰 | 图片框 | 树 | 分层云彩 |
| 光照效果 | 镜头光晕 | 纤维 | 云彩 |

图 9-32　"渲染"滤镜组

### 9.3.9　"杂色"滤镜组

"杂色"滤镜组只是针对杂色做出一些特效，包括 5 种滤镜，如图 9-33 所示。

（1）"减少杂色"滤镜：保留图像的边缘并减少图像的杂色。通过设置"强度""保留细节""减少杂色""锐化细节""移除 JPEG 不自然感"来调整效果；当选择"高级"选项后，可以通过"每通道"单独对每一个通道进行设置。

（2）"蒙尘与划痕"滤镜：可以去除图像中的杂点和划痕，通过设置"半径"和"阈值"的参数来调整效果。

（3）"去斑"滤镜：可以自动识别图像中的斑点并进行处理以达到去斑的效果，不用设置参数。

（4）"添加杂色"滤镜：可以在图像中添加细小的杂色颗粒，通过设置"数量""分布""单色"的参数来调整效果。

（5）"中间值"滤镜：根据像素选区的半径范围搜索和查找亮度相近的像素，然后用中间亮度值来替换中心像素，通过设置"半径"的参数来调整效果。

| | | |
|---|---|---|
| 减少杂色 | 蒙尘与划痕 | 去斑 |

图 9-33　"杂色"滤镜组

添加杂色

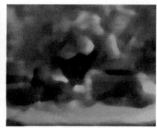
中间值

图 9-33 "杂色"滤镜组（续）

### 9.3.10 其他滤镜组

其他滤镜组包括 6 种滤镜："HSB/HSL""高反差保留""位移""自定""最大值""最小值"，如图 9-34 所示。

（1）"HSB/HSL"滤镜：相当于色相饱和度命令，用于调色或转成黑白图片。

（2）"高反差保留"滤镜：可以自动分析图像中的细节边缘。

（3）"位移"滤镜：可以在水平或垂直方向上偏移图像，通过设置"水平""垂直""未定义区域"来调整效果。

（4）"自定"滤镜：用户可以设计自己的滤镜效果，在图 9-34 所示"自定"中，用户可以更改图像中每个像素的亮度值。

（5）"最大值"滤镜：在指定的半径范围内，用周围像素的最高亮度值替换当前像素的亮度值。该滤镜可以展开白色区域，阻塞黑色区域。通过"半径"的参数设置半径范围，通过"保留"下拉列表选择相应的选项。

（6）"最小值"滤镜：该滤镜可以扩展黑色区域，收缩白色区域，其参数的设置与"最大值"原理类似。

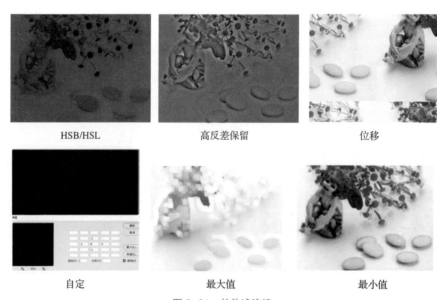

| HSB/HSL | 高反差保留 | 位移 |
| --- | --- | --- |
| 自定 | 最大值 | 最小值 |

图 9-34 其他滤镜组

## 9.4 真题实例

具体操作步骤如下。

◆ Step 01：打开素材文件"实训 .psd"，按住【Ctrl】+【T】组合键进行自由变换，设置水平缩放 W 为"120%"，垂直缩放 H 为"120%"，将图像放大，如图 9-35 所示。

◆ Step 02：单击"滤镜"→"扭曲"→"切变"命令，"切变"窗口设置如图 9-36 所示。

◆ Step 03：单击【确定】按钮，最终效果如图 9-37 所示。单击"文件"→"存储为"命令，在"另存为"对话框中设置保存为"实现效果图 .psd"文件。

图9-35　放大图像

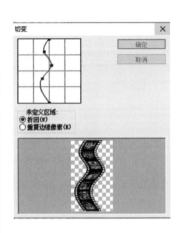

图9-36　"切变"窗口设置

图9-37　最终效果

## 9.5 知识能力测试

一、选择题

1. 下列关于滤镜的操作原则错误的是（　　　）。

　　A. 滤镜不仅可用于当前可视图层，还对隐藏的图层有效

　　B. 不能将滤镜应用于位图模式（Bitmap）或索引颜色（Index Color）的图像

　　C. 有些滤镜只对 RGB 模式的图像起作用

　　D. 只有极少数的滤镜可用于 16 位 / 通道图像

2. 下列（　　　）滤镜可以用来去掉扫描照片上的斑点，使图像更清晰。

　　A. "模糊"→"高斯模糊"　　　　　　　　B. "艺术效果"→"海绵"

　　C. "杂色"→"去斑"　　　　　　　　　　D. "素描"→"水彩画笔"

3. 下列对滤镜描述不正确的是（　　　）。

　　A. Photoshop 可对选区进行滤镜处理，如果没有定义选区，默认对整个图像进行操作

　　B. 在索引模式下不可以使用滤镜，有些滤镜不能使用 RGB 模式

　　C. 扭曲滤镜的主要功能是让一幅图像产生扭曲效果

　　D. 变换滤镜可以将平面图像转换成有立体感的图像

4. 当图像是（　　　）模式时，所有的滤镜都不可以使用（假设图像是 8 位通道）。

　　A. CMYK 模式　　　　　　　　　　　　B. 多通道模式

　　C. 灰度模式　　　　　　　　　　　　　D. 索引颜色模式

5. （　　　）滤镜只对 RGB 模式的图像起作用。

　　A. 马赛克　　　　B. 光照效果　　　　C. 波纹　　　　　　　D. 浮雕效果

6. 关于滤镜，下列描述不正确的是（　　　）。

　　A. 滤镜可应用于现用的可视图层　　　　B. 滤镜可应用于选区

　　C. 滤镜不能应用于位图模式　　　　　　D. 不能将马赛克滤镜应用于 CMYK 模式

7. 在位图和（　　　）模式下不能使用滤镜。对于某些颜色模式，部分滤镜不可以使用。

　　A. 灰度　　　　　B. 索引颜色　　　　C. 双色调　　　　　　D. 多通道

8. 使用（　　　）组合键可以快速执行上次执行的滤镜。

　　A.【Alt】+【F】　B.【Ctrl】+【D】　　C.【Alt】+【D】　　　D.【Ctrl】+【F】

9. 以下选项中属于滤镜可制作效果的是（　　　）。

　　A. 线形模糊　　　　B. 方形模糊　　　　C. 形状模糊　　　　D. 圆形模糊

10. 下列（　　　）滤镜可以减少渐变中的色带。

　　A. "滤镜"→"杂色"　　　　　　　　　B. "滤镜"→"风格化"→"扩散"

　　C. "滤镜"→"扭曲"→"置换"　　　　　D. "滤镜"→"锐化"→"USM 锐化"

二、操作题

　　1. 打开素材文件"操作题 1.psd"，请利用"滤镜工具"制作图 9-38 所示球面线条效果，将完成的作品保存为"练习 1.jpg"。

　　2. 打开素材文件"操作题 2.jpg"，让模糊的照片清晰化，效果如图 9-39 所示，将完成的作品保存为"练习 2.jpg"。

　　3. 打开素材文件"操作题 3.jpg"，通过滤镜为图片背景制作砖墙纹理，效果如图 9-40 所示，将完成的作品保存为"练习 3.jpg"。

图9-38　操作题1效果图　　　图9-39　操作题2效果图　　　图9-40　操作题3效果图

Photoshop

Chapter

10

# 第10章
# 经典案例实战

本章主要使用 Photoshop 制作网页效果图和海报，层层深入地介绍案例的设计思想与制作方法，并详细地讲解操作步骤，使读者可以综合运用 Photoshop 的相关知识。

Photoshop CC

# 10.1 海报制作案例

海报指机关团体和企事业单位对外发布消息时，在特定的位置贴出的广告，是一种向大众传播信息的媒体。它属于平面媒体的一种，没有音效，只能借着形与色来强化所要传播的信息，所以对色彩方面的凸显很重要。人们看海报的时间通常都很短暂，在 2～5 秒便想获知海报的内容。因此海报设计者要通过适当提高色彩中的明视度、应用心理色彩的效果、使用美观与装饰的色彩等可以传达的效果，使海报具有说服、指认、传达信息、审美的功能。一般来说，海报的设计有以下几点要求。

（1）立意要好。

（2）色彩鲜明，要采用能吸引人们注意的色彩形象。

（3）构思新颖，要用新的方式和角度来理解问题，创造新的视野、新的观念。

（4）构图简练，要用最简单的方式说明问题，引起人们的注意。

（5）海报要重点传播商品的信息，运用色彩的心理效应、强化印象的用色技巧。

总之，优良的海报需要事先预知观赏者的心理反应与感受，这样才能使传播的内容与观赏者产生共鸣。

## 10.1.1 海报的种类

### 1. 商业海报

商业海报是指宣传商品或商业服务的商业广告性海报。商业海报的设计要恰当地配合产品格调和受众对象。

### 2. 文化海报

文化海报是指各种社会文娱活动及各类展览的宣传海报。展览有很多种类，不同的展览其特点也不同。因此，设计师需要详细了解展览和活动的情况，才能运用恰当的方法表现其内容和风格。

### 3. 电影海报

电脑海报是海报的一个分支，与戏剧海报、文化海报等有几分类似。电影海报主要起着吸引观众注意、刺激电影票房收入的作用。

### 4. 公益海报

公益海报具有一定的思想性，对公众有教育意义。其海报主题包括各种社会公益、道德或政治思想的宣传，以及弘扬爱心奉献、共同进步的精神等。

## 10.1.2 海报设计策略

海报以图形和文字为内容，以宣传观念、报道消息或推销产品等为目的。设计海报时，首先要确定主题，其次要进行构图，最后要使用技术手段制作出海报并充实内容加以完善。下面介绍几种海报创意设计的一般方法。

### 1. 主题要鲜明

每张海报都具有特定的内容与主题，因此图形语言也要结合这一主题，绝不能无的放矢地随意表达，而应在理性分析的基础上选择恰当的切入点，以独特的视觉元素将思想富有创意地表现出来。

2. 视觉冲击力要强

海报一般都设置于户外，其广告效果的好坏与作品本身能不能吸引观者的眼球密切相关。一幅视觉冲击力强的作品会使人们情不自禁地停下脚步，耐心地去关注作品所表现的内容，从而印象深刻、回味无穷。在图形设计中，增强画面视觉冲击力的方法是多方面的。从内容上来看，有美丽、欢乐、甜美、讽刺、幽默、悲伤、残缺甚至恐惧等；从形式上看，有矛盾空间、反转、错视、正负形、异形、同构图形、联想、影子等。

3. 要有科学性和艺术性

随着科学技术的进步，海报的表现手段越来越丰富，海报设计也越来越具有科学性。由于海报面对的是人，是通过艺术手段，按照美的规律创作的，所以它又不是一门纯粹的科学。海报设计是在广告策划的指导下，用视觉语言来创造各类信息的。

4. 要让图形说话

在海报中，图形语言追求的是以最简洁有效的元素来表现富有深刻内涵的主题。好的海报作品无须文字注解，只需人们在看过上面的图形后能迅速地理解作者的意图。

5. 要富有文化内涵

一幅优秀的海报作品除了能成功地传达主题内容外，还要具备一定的文化内涵，只有这样才能与观赏者产生情感与心灵上的共鸣，从而达到更高的境界。

6. 采用自由的表现方式

海报中图画的表现方式可以非常自由，但要有创意的构思，这样才能令观赏者产生共鸣。除了使用插画或摄影的表现方式之外，画面也可以使用纯粹的几何抽象的图形来表现。海报适合采用比较鲜明的色彩，并能衬托出主题，从而引人注目。海报的编排虽然没有一定的格式，但是必须达到画面的美感，以及合乎视觉顺序的动线。因此，在版面的编排上应该掌握形式原理，如均衡、比例、韵律、对比、调和等要素，还要注意版面的留白。

7. 具备个性化

没有个性就没有艺术，海报设计的个性往往体现在设计的独特有趣、图形的新颖到位、版式构成形式的引人注目等。

### 10.1.3 海报设计的基本方法

如何设计一幅具有感染力的海报，从而使观赏者能够直接接触到最重要的信息呢？接下来将介绍一些海报设计的基本方法。

1. 一致性原则

海报设计必须从一开始就保持一致，包括大标题、资料的选用、照片及标志。如果没有统一，海报将会变得混乱不堪，难以卒读。也就是说，所有的设计元素都必须以适当的方式组合成一个有机的整体。

2. 关联性原则

要让作品具有一致性，第一个原则是采用关联原则，也可以称作分组。如果在海报中各个物品都非常相似，则将它们组成一组构图会令其更能吸引观赏者的注意，而其他元素会被观赏者认为是次要的。

图 10-1 中所有圆环被作为一个整体，这也是整张图的焦点。

### 3. 重复原则

另一个使作品具有一致性的方法就是对形状、颜色或某些数值进行重复。图 10-2 中重复的毛虫图案引导观赏者的视线到 INNU 标志上，经过这个标志后又是一些蝴蝶的重复图案，表示发生了变化，可谓构思巧妙。

图10-1　关联图案　　　　　　　　图10-2　重复图案

### 4. 添加背景颜色

如果作品中各个元素的形状、颜色或外观都没有共同点，那么如何使作品具有统一性呢？一个简单的解决办法就是将这些元素都放在一个实色区域中。

### 5. 协调性原则

无论是协调的构图还是不协调的构图，都能使海报的版面具有强烈的视觉效果。协调性原则包括对称协调、不对称协调、颜色协调、形状及位置协调等。

要想设计具有感染力的海报，可使用的方法有很多，而且可以根据不同主题的海报综合交错地使用各种方法。

## 10.1.4　公益海报的制作案例

使用 Photoshop 设计海报是目前非常流行的做法。下面通过一则公益广告海报，介绍设计的实现目标、制作思路、制作过程以及最终效果。

### 1. 实现目标

本例将制作一幅以宣传美丽广州为公益目的的海报。海报一方面体现广州的现代感，即要设计出动感的广州、炫丽的广州，同时又要从另一方面体现广州的历史文化感。现代感设计主要以炫丽的色彩来体现，而历史文化感设计则以毛笔、铅笔线条的市花来体现。其最终效果如图 10-3 所示。

### 2. 制作思路

（1）素材准备。

为了达到宣传效果，本例采用了代表广州特征的素材：一是广州的代表性建筑——广州塔（小蛮腰），二是广州的市花——木棉花。

（2）动感设计通过图层渐变叠加样式设计出多彩的广州塔。

（3）文化设计。

图10-3　公益海报的最终效果

① 通过图层纯色叠加样式设计出多彩的毛笔笔触。

② 通过滤镜等方法制作出木棉花的轮廓效果。

③ 通过钢笔工具绘制祥云形状以及叠加花纹效果。

（4）文字设计。

① 制作有光源效果的文字。

② 制作有颜色渐变效果的文字。

3.　制作过程

◆ Step 01：打开 Phtotshop，新建"1000×1500"像素的"白色"画布，将文件命名为"美丽
广州"，然后新建图层，如图 10-4 所示。把"前景色"设置为"浅灰色"，按【Alt】+
【Delete】组合键对其进行填充，如图 10-5 所示。

图10-4　新建图层

图10-5　填充背景

◆ Step 02：为了让背景产生宣纸的效果，采用图案叠加设计，在"创建新的填充或调整图层"中
单击"图案"，将"图案"填充的参数设置为"杂色"，并把"不透明度"调为"56%"，
之后同时选中两个图层并按【Ctrl】+【G】组合键，将两个图层编组并双击重命名为
"背景"，如图 10-6 所示 。

◆ Step 03：拖入素材文件。先拖入"毛笔笔触 .png"素材文件，按【Ctrl】+【T】组合键调整
图片大小；再拖入"笔触 .png"素材文件，按【Ctrl】+【J】组合键复制一个"笔触"
副本图层，并对其进行"水平翻转"变换，以调整大小和位置，然后将其编组并命名
为"背景 2"；之后拖入"广州塔"素材文件,调整其大小和图层位置,如图 10-7 所示。

图10-6　杂色叠加　　　　　　　　　　　　　图10-7　拖入素材并调整大小和位置

◆ Step 04：为"广州塔"图片添加"渐变叠加"的图层样式，并将其渐变色设置为"色谱"、角
度设置为"-30 度"，如图 10-8 所示。同时设置"笔触"的图层样式，4 个笔触采
用蓝、紫、粉、黄的颜色叠加样式，以产生绚丽的色彩，如图 10-9 所示。

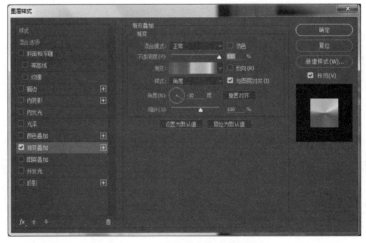

图10-8　"渐变叠加"参数设置

图10-9　"渐变叠加"效果

◆ Step 05：打开"木棉花 .jpg"素材文件，第一步在背景图层上单击"图像"→"调整"→"去色"
命令；第二步复制背景图层副本，把副本与背景图层的图层混合模式改为"线性减
淡"，如图 10-10 所示；第三步单击"图像"→"调整"→"反相"命令；第四步单
击"滤镜"→"其他"→"最小值"命令，轮廓的深浅可通过直接调半径实现，根据
自己的爱好和图片的要求调整至最佳状态，如图 10-11 所示；第五步合并可见图层。

图10-10　颜色减淡

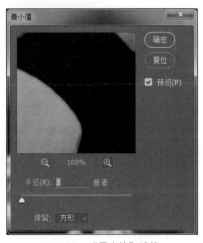

10-11　"最小值"滤镜

◆ Step 06：将上一步制作好的木棉花轮廓效果图拷贝到"美丽广州"文件中，按【ctrl】+【T】
组合键调整大小并旋转到合适的位置，如图 10-12 所示。

图10-12　木棉花轮廓效果

◆ Step 07：拖入"矢量花纹"素材并调整其大小和位置，之后使用"钢笔工具"绘制祥云花边图
形并填充为"深蓝色"，接着将其复制并右键单击选择"自由变换"，其中采用"水平
翻转"调整位置，之后选中两个"图形"图层，按【Ctrl】+【E】组合键合并图层并
调整大小和位置，将该图层命名为"祥云形状"，最后放在"矢量花纹"图层的下方，
如图 10-13 所示。

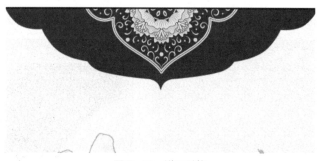

图10-13　祥云形状

◆ Step 08：拖入"毛笔笔触"素材，放在"矢量花纹"图层的下方，单击"图层"→"矢量蒙
版"命令，让"祥云形状"图案有毛笔纹理效果，如图 10-14 所示。设置"祥云形状"
图层样式为"颜色渐变叠加"，渐变颜色值设置如图 10-15 所示。

◆ Step 09：调整整体位置，用"文字工具"继续输入"小蛮腰"（参数：字体"华文中宋"，颜色
"深蓝色"），并调整大小和位置。在"小蛮腰"文字图层上新建"光源"图层，使用
"画笔工具"（参数：类型"柔边圆"，大小"250"，颜色"浅蓝色"）在"小蛮腰"处涂抹，
并为"光源"图层创建剪贴蒙版，使得文字产生"光源"效果。

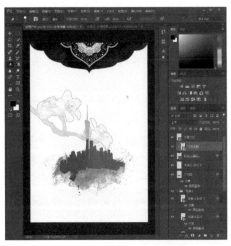

图10-14　祥云毛笔纹理

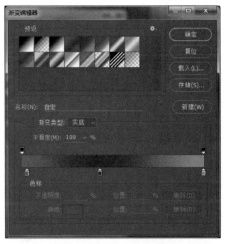

图10-15　祥云渐变叠加

◆ Step 10：建立"广州"文字图层（参数：字体"方正舒体"，颜色"深蓝色"）并调整大小和位置，
　　　　　双击打开"图层样式"，勾选"渐变叠加"，其叠加颜色设置和上面的祥云图层样式一样。

◆ Step 11：对图像进行微调，最终效果如图 10-16 所示。

图10-16　最终效果

# 10.2　网页制作案例

　　网页设计是近年来兴起的设计领域，是继报纸、广播、电视之后又一全新的设计媒介。网页设计
代表着一种新的设计思路，一种为客户服务的理念，另一种对网络特点的把握和对网络限制条件的理解。

　　所谓网页，是指通过浏览器能访问到的 Web 页面，是一种超文本文件，综合了图片、文字、多媒
体等丰富的内容，具有可视性和交互性的特点。网站是网页的集合，一个站点内的所有网页构成了一
个网站。而网页是网站的表现形式。

### 10.2.1　网页设计

21 世纪是一个信息化的时代，网络技术的运用和发展改变了大众对信息的接受方式，更改变了人们的生活、学习和工作方式。在激烈的市场竞争中，众商家也开始逐步利用网站进行一系列的商业活动，如促进销售、树立品牌形象、加强与消费者的深度沟通、招商等。

网页设计是指网站整体页面的设计，包括页面的风格、配色、布局、内容等。网页设计包含的内容非常多，大体可分为以下两个方面。

◎　纯网站本身的设计，如文字、排版、图片制作、平面设计、静态无声图文和动态有声影像等。

◎　网站的延伸设计，包括网站的主题定位、浏览群的定位、智能交互、制作策划、形象包装和宣传营销等。

目前网站的类型有很多，如企业网站、音乐网站、游戏动漫网站、电子商务网站、个人网站、活动页面等。本章节以企业网站为例讲解网页制作的完整过程。

### 10.2.2　企业网页制作

企业网站是企业在互联网上进行网络营销和形象宣传的平台，相当于企业的网络名片。许多企业都拥有自己的网站，并借以进行宣传、产品资讯发布、招聘等。作为企业对外宣称的平台与窗口，企业网站越来越受重视，几乎所有的企业都有自己的网站。

#### 1. 企业网站的类型

（1）信息浏览型。这类企业网站主要以展示企业形象为主，现有企业网站大部分都可以归为这种类型。这类网站就像企业的宣传手册，其目标主要包括：企业宣传，内容有公司历史、发展历程、重要项目介绍、相关新闻等；企业产品与服务介绍，介绍和宣传该企业主要提供的产品与服务；树立企业品牌，通过各种方法和手段，树立企业的品牌形象，提高企业的知名度等。信息浏览型网站主要以提供信息为主，没有太多应用性服务。

（2）企业门户型。这类企业网站，除了提供基本的企业信息外，还提供了很多资源和服务，如电子邮件、企业论坛、网上招聘等。相对于信息浏览型网站，企业门户型网站在所需技术方面有更高的要求，包括电子邮件技术、论坛技术等。

（3）电子商务型。一些企业除了希望在自己的网站上介绍企业自身的相关信息外，还希望能够直接通过网站进行在线的产品交易。这就需要建设电子商务型网站，如网上商城等。电子商务型网站需要提供产品详细信息浏览、产品交易服务、在线支付服务等。

在实际应用中，很多网站往往不能简单地归为某一种类型，无论是建站目的还是表现形式都可能会涵盖两种或两种以上类型。对于这种企业网站，可以按上述类型的区别划分为不同的部分，每一个部分基本上可以认为是一个较为完整的网站类型。

#### 2. 网页制作前的准备工作

在设计网页之前，必须首先完成前期的准备工作，具体包括以下几项。

（1）网站主题：确定将要设计制作的网站主题是个人主页、企业网站，还是其他类型的网站。

（2）网站风格：确定整个网站的主要风格，包括网站的主色调、主要字体等。

（3）企业文化：必须首先了解企业的个性文化，从而制作出符合企业特点的个性鲜明的企业网站。

（4）收集材料：收集所有需要用到的网页制作素材，包括企业的 Logo、企业的宣传口号、各种相关的图片等资源。

### 10.2.3　网页布局

**1.　布局方式**

当前期的准备工作完成之后，就可以真正开始网页的设计和制作了。首先，就是确定网页的整体布局。网页的布局主要有以下几种常见形式。

（1）"国"字形布局。这种结构也可以称为"同"字形，是我们在网上见到的最常用的一种结构类型，即最上面是网站的标题以及横幅广告条，接下来就是网站的主要内容，左右分列两小条内容，中间是主要部分，与左右一起罗列到底，最下面是网站的一些基本信息、联系方式、版权声明等。

（2）"匡"字形布局。这种结构与上一种其实只有形式上的区别，去掉了"国"字形布局最右边的部分，为主内容区释放了更多空间。这种布局上面是标题及广告横幅，接下来的左侧是一窄列链接等，右侧是很宽的正文，下面也是一些网站的辅助信息。

（3）"三"字形布局。这是一种简洁明快的网页布局，在国外用得比较多，国内比较少见。这种布局的特点是在页面上由横向两条色块将网页整体分割为 3 部分，色块中大多放置广告条与更新和版权提示。

（4）"川"字形布局。这种结构的整个页面在垂直方向分为 3 列，网站的内容按栏目分布在这 3 列中，最大限度地突出主页的索引功能。

（5）海报型布局。这种结构基本上出现在一些网站的首页，大部分为一些精美的平面设计结合一些小的动画，放上几个简单的链接或者仅是一个"进入"的链接甚至直接在首页的图片上做链接而没有任何提示。这种结构大部分出现在企业网站和个人主页中，如果处理得好，会给人以赏心悦目的感觉。

**2.　导航器**

当用户浏览一个网站时，都希望能快速找到自己需要的信息，这就要求网站具有像目录和索引一样的功能，能够快速定位各种信息，而这种功能需要通过导航器来完成。导航器根据网站中的具体模块和整体布局结构来设计，通过导航器中的菜单实现快速在大量的网页中进行跳转。

导航器的设置要遵循一定的规则，符合大众用户的使用习惯，这样做具有一定的统一性；不按用户使用习惯设置的导航器，很容易引起用户的困惑，使其在使用后迷失方向。

目前比较流行的导航器有如下两种类型。

（1）顶部水平栏导航。这种导航是当前最流行的网站导航菜单设计模式之一。它常用于网站的主导航菜单，通常放在网站所有页面网站头的直接上方或直接下方，如图 10-17 所示。

图10-17　水平栏导航

（2）侧边栏导航。这种方式的导航被排列在一个单列。它经常在左上角的列上，即主内容区之前。针对习惯从左到右进行导航的读者的调查研究发现，左边的竖直导航栏比右边的竖直导航栏要好，如图 10-18 所示。

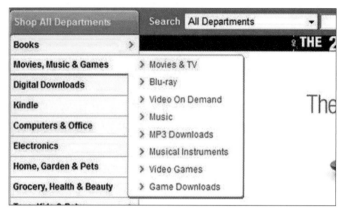

图10-18　侧边栏导航

### 10.2.4　企业网页制作实例

**1. 实例目标**

本小节通过制作一个科技企业的网页实例，来展示网页制作中的具体步骤和方法。

**2. 制作思路**

色彩选择：为了体现科技网站的特点，采用冷色调中的渐变蓝色系。

导航栏的设置：为了让操作者更快地找到导航，将导航条放置在页面的顶端。

主体的设置：采用三大菜单模块。

**3. 制作过程**

◆ Step 01：选择"文件"→"新建"功能，新建一个大小为 1000 像素 ×780 像素的文件，如图
　　　　　10-19 所示。

图10-19　新建文件

◆ Step 02：按照构想的网页布局，添加辅助线，划分网页规划布局，如图 10-20 所示。

◆ Step 03：为网页添加整体的背景色，本例中采用渐变蓝色背景色调，如图 10-21 所示。

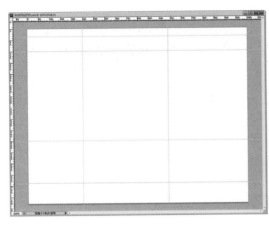

图10-20　网页规划布局

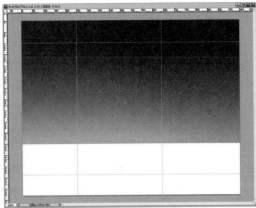

图10-21　采用渐变蓝色背景

◆ Step 04：选择"文件"→"置入"功能，在左上角的位置添加企业的 Logo 图片，如图 10-22 所示。

◆ Step 05：这一步是制作网页的一个非常重要的部分，即导航部分。本例所设计的导航条内容，包括首页、公司概况、新闻中心、产品中心和人才招聘 5 个大的模块。当鼠标指针悬停在导航条上时，会显示二级子菜单，如图 10-23 所示。

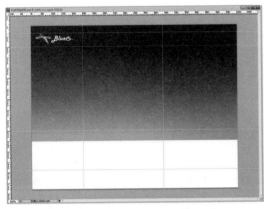

图10-22　添加Logo图片　　　　　　　　　　图10-23　制作导航部分

◆ Step 06：至此，网页的头部已经基本完成了。接下来需要制作网页中间的主要展示部分。选择"文件"→"置入"功能，可以将前面收集的用于展示公司形象的图片和产品图片组合展示在此区域。本例中主要选取了一些具有科技感的图片，以展示企业的科技元素。

同时，为了使网页的头部和底部能进行更好的衔接和过渡，需要增加一些闪光和渐变效果，使网页整体和谐、美观，效果如图 10-24 所示。

中间的展示区域是本网页的关键区域。因此，在制作网页时，需要进行精心的设计和打磨，以期达到最理想的效果。在符合企业领域的前提下，要保持鲜明的企业特征和个性，同时还要保持整体网页风格的一致和优美。

◆ Step 07：网页的中下部分用来显示简要的相关信息。本例中包括以下 3 部分：最新产品、新闻中心和联系我们，如图 10-25 所示。

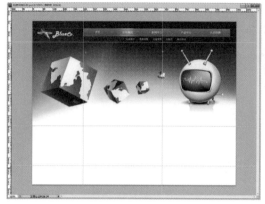

图10-24　banner科技元素

图10-25　主体内容

　　本部分是当前网页的信息部分，用于展示本网页主要的文字内容和各种链接的信息。由于本例所制作的是一个网站的首页面，主要通过设计精美、突出主题的图片来吸引用户的注意，因此文字信息部分只展示最为关键以及最近更新的一些消息，篇幅相对较小。若是制作其他的非首页面，则文字内容部分所占的比例一般会更大一些。

　　◆ Step 08：这一步制作网页的页脚部分。一般的网页基本上都会包含以下几个方面的信息：网站的版权信息、网站的备案信息、网站的 Logo 图片、友情链接、联系方式以及其他内容的导航条。在本例中，添加了图 10-26 所示页脚。

　　经过以上步骤，基本上完成了一个完整的网页的设计制作。再进行一些后期的细节完善和处理，就可以得到最终设计的图片了。最终定稿后，再使用切片工具就可以完成从设计图片到最终 HTML 网页的转变了。

　　◆ Step 09：根据之前添加的参考线做网页切片，先选择"裁剪工具"，然后选择"切片工具"，如图 10-27 所示。

图10-26　页脚编辑

图10-27　设置参考线

　　◆ Step 10：选择工具选项栏中的"基于参考线的切片"，把图片切成多个区域块，如图 10-28 所示。

　　◆ Step 11：选择"裁剪工具"，再选择"切片选择工具"。按住【Shift】键将零散的切片选中并合并成一个模块整体，如图 10-29 所示。

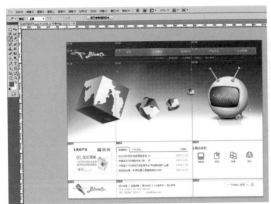

图10-28　网页切片　　　　　　　　　　　图10-29　合并模块

◆ Step 12：单击"文件"→"存储为 Web 和设备所用格式"命令。

◆ Step 13：在"存储为 Web 和设备所用格式"对话框中，选择"JPEG"格式，单击"存储"按钮，如图 10-30 所示

◆ Step 14：选择"HTML 和图像"格式，单击"保存"按钮，如图 10-31 所示。

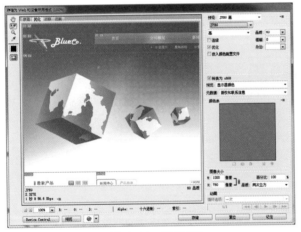

图10-30　保存网页　　　　　　　　　　　图10-31　选择保存格式

◆ Step 15：导出后生成两个文件，如图 10-32 所示。

◆ Step 16：打开网站制作软件 Dreamweaver CS5 及科技网站示例 .html 文件，即可看到 Photoshop 设计的网页以表格形式装载着以上所切片出来的模块图片。图 10-33 是以表格扩展模式视图展示的。

综上所述，网页制作大致包括以下几个步骤：首先按照设计大小新建文件；其次按照网站的设计结构建立参考线，制作网站的整体背景和色调；接下来制作 Logo 和导航条；然后设计制作主体展示部分和主要内容部分；最后完成页脚部分。完成设计稿后，使用切片工具得到最终的 HTML 网页。

图10-32 文件类型

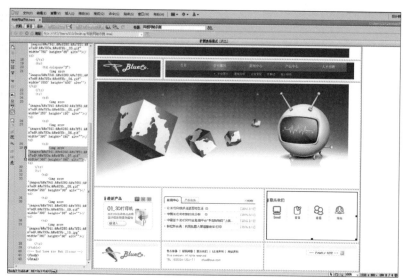

图10-33 导入网页设计软件

# 10.3 真题实例

**1. 海报制作真题**

打开"554601.psd",从文件夹的素材中任选 3～5 张图片，发挥创意，设计一张足球海报。文件夹中的"sample.jpg"是一个样例，如图 10-34 所示。注意仅供参考，请不要与样例雷同。足球海报设计基本要求如下。

（1）海报必须添加文字，可使用提供的文字或自行添加。

（2）进行背景设计。

（3）添加装饰图片。

（4）整体要美观。

（5）将每类设计元素都单独建立一个图层，使得改卷老师可以看清作品的制作步骤，最终结果保存为 result.jpg 和 554601.psd。（文件必须使用对应的文件格式类型进行保存）

**2. 网站制作真题**

打开"555701.psd"文件，从文件夹的素材中任选至少 3 张以上的图片素材和文字素材，发挥创意设计一个"夏威夷之旅"网站首页，文件夹中的 sample.jpg 是一个样例，如图 10-35 所示。注意仅供参考，请不要与样例雷同。网站首页要求如下。

（1）标题信息设计。

（2）导航信息设计。

（3）适当的图片修饰（使用的图片素材如有 Logo 请先去除），有网站主题和相关的文字信息。

（4）版权栏设计。

（5）整体美观，包括色彩的搭配、背景、导航按钮的创意、文字修饰。

（6）将每个设计元素都单独建立一个图层，使得改卷老师可以看清作品大概的制作步骤，最终结果要保存为 result.jpg 和 555701.psd。（文件必须使用对应的文件格式类型进行保存）

图10-34　真题实例-海报

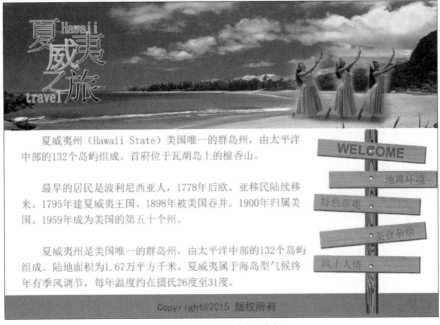

夏威夷州（Hawaii State）美国唯一的群岛州，由太平洋中部的132个岛屿组成。首府位于瓦胡岛上的檀香山。

最早的居民是波利尼西亚人，1778年后欧、亚移民陆续移来。1795年建夏威夷王国。1898年被美国吞并。1900年归属美国。1959年成为美国的第五十个州。

夏威夷州是美国唯一的群岛州，由太平洋中部的132个岛屿组成。陆地面积为1.67万平方千米。夏威夷属于海岛型气候终年有季风调节，每年温度约在摄氏26度至31度。

WELCOME

地理环境

特色景观

美食杂烩

风土人情

图10-35　真题实例-海报

## 10.4 知识能力测试

1. 打开"550701.psd"文件，利用提供的图片素材（至少使用3张以上的图片）和文字素材，发挥创意设计一个"红楼梦"网站首页，文件中的 sample.jpg 样板图是一个样板示例，如图10-36所示。注意仅供参考，请不要与样板雷同。网站首页要求如下。

（1）标题信息"红楼梦"。

（2）导航信息设计（首页、背景大观、人在红楼、小筑红楼、诗影红楼、寻幽红楼）。

（3）适当的图片修饰（使用的图片素材如有 Logo 请先去除），有网站主题相关的文字信息。

（4）版权栏设计（copyright@ 版权所有）。

（5）整体的美观，包括色彩的搭配、背景、导航按钮的创意、文字修饰。

（6）将每个设计元素都单独建立一个图层，使得改卷老师可以看清作品大概的制作步骤，最终结果要保存成 result.jpg 和 550701.psd。（文件必须使用对应的文件格式类型进行保存）

2. 打开"550602.psd"文件，从文件夹的素材中任选3～5张图片，发挥创意设计一张巧克力广告图。sample（仅供参考）.jpg 样板图只是一个样例，如图10-37所示。注意仅供参考，请不要与样例雷同。广告图必须有广告词"心动之源 你的首选"与"可诗金典巧克力"字样，最终结果要保存为 result.jpg 和 550602.psd。（文件必须使用对应的文件格式类型进行保存）

要求：将每类设计元素都单独建立一个图层，使得改卷老师可以看清作品大概的制作步骤。

图10-36 知识能力测试−网站

图10-37 知识能力测试−海报

# 参考文献

[1] 图像处理基础教程（Photoshop CS5）（第2版）[M]. 北京：人民邮电出版社，2016.

[2] Photoshop CC完全学习教程[M].北京：中国青年出版社，2018.

[3] Photoshop CC 2018 从入门到精通[M]. 北京：电子工业出版社，2018.

[4] Adobe Photoshop CC 2017经典教程[M].北京：人民邮电出版社，2017.

[5] Photoshop CC完全实例教程[M].北京：清华大学出版社，2018.